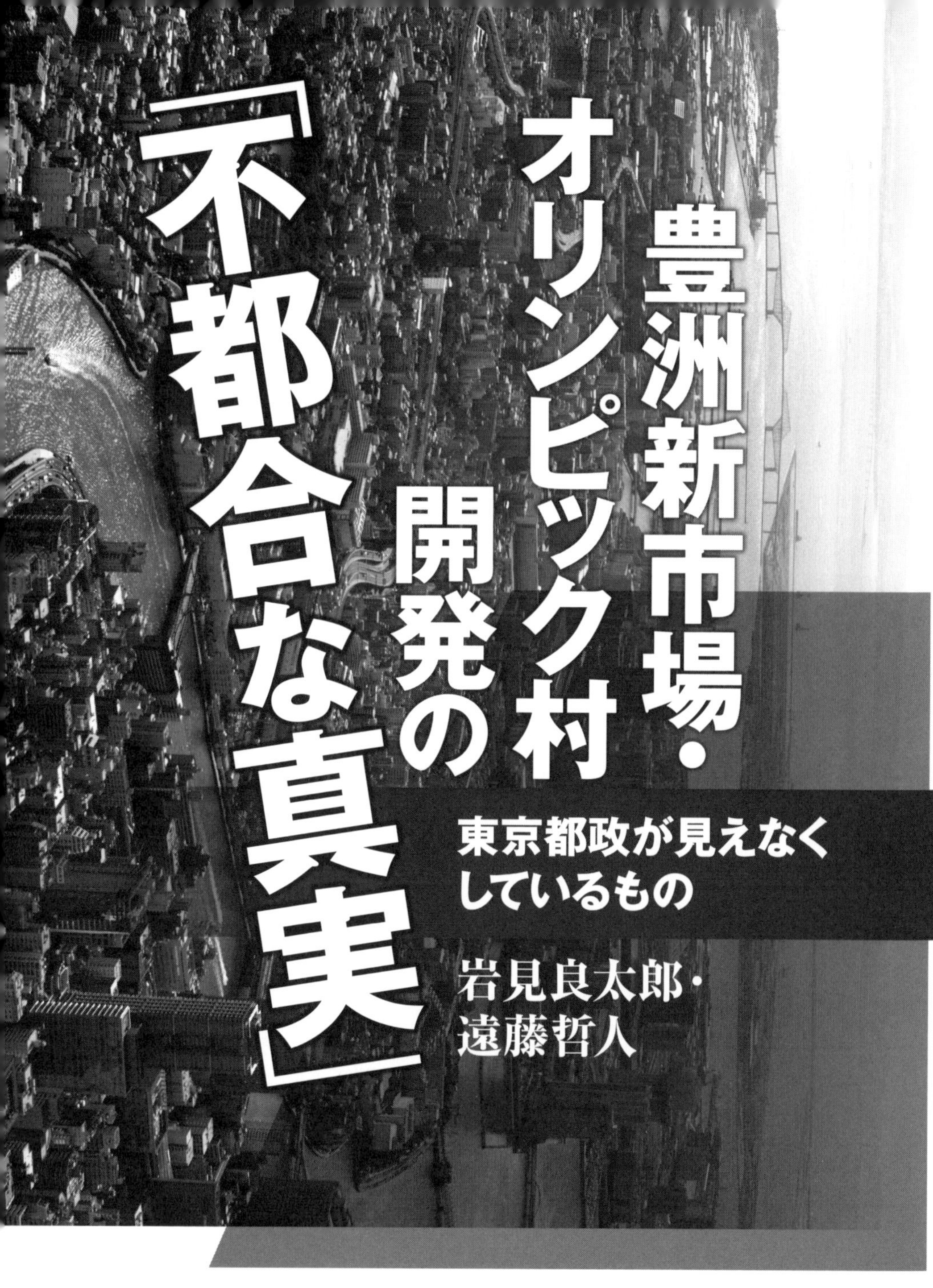

# 豊洲新市場・オリンピック村開発の「不都合な真実」

## 東京都政が見えなくしているもの

岩見良太郎・遠藤哲人

自治体研究社

# まえがき

いま、東京オリンピックも絡んで、東京臨海部の開発が大きな関心をよんでいる。オリンピック施設整備費の膨張、工事をめぐる談合、あるいは豊洲新市場の盛り土問題など、話題は事欠かない。しかし、マスコミがまだ取り上げていない問題がある。それが本書で扱う豊洲の区画整理、晴海の再開発にかかわる東京都の不公正である。

わたしたちは、NPO法人区画整理・再開発対策全国連絡会議というまちづくり運動団体に属し、区画整理や再開発の住民運動に日々接している。豊洲新市場・オリンピック施設整備の問題も区画整理や再開発の住民運動の視点からみるよう努めている。そんなとき、ある重大な疑惑があることを知ったのである。

一つは、豊洲新市場を整備するため、東京メトロ有楽町線・豊洲駅に近い、一等地ともいえる東京都有地が、東京ガスの汚染された土地と交換されたという問題。もう一つは、相場の10分の1の価格でオリンピック選手村建設用地が、デベロッパーの企業グループに払い下げられたという事実である。〝区画整理・再開発手法を悪用している〟。これが、私たちの直観であった。さらに事実を調べていけばいくほど、いくつもの疑問が湧き、問題の根深さを知ることになったのである。

これまで、マスコミが取り上げなかったのは、区画整理と再開発という特殊な都市計画手法で開発がなされているため、問題は複雑に屈折し、人目にわかりづらい構造になっているからと思われる。闇は、区画整理・再開発というベールにおおわれているといってよいかもしれない。

本書は、この幾重にも覆われたベールをはがし、複雑に入り組んださまざまな不公正の構造をできるだけ明らかにすることをめざしたものである。

２０１７年2月20日


埼玉大学名誉教授

ＮＰＯ法人区画整理・再開発対策全国連絡会議代表

岩見良太郎

目次 ◉ 豊洲新市場・オリンピック村開発の「不都合な真実」

図表０－１　築地・晴海・豊洲の位置関係

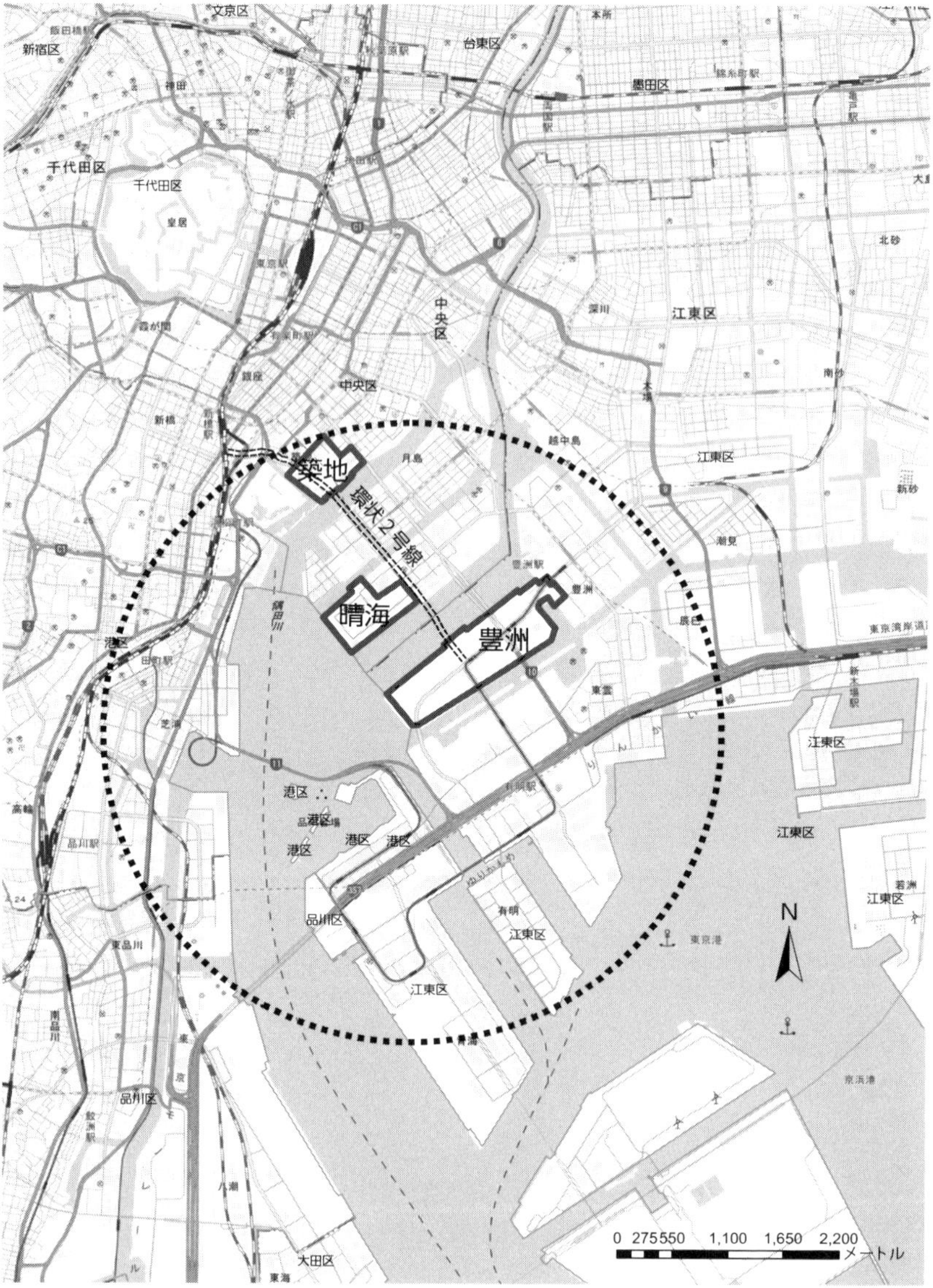


出所：岩見良太郎作成。

# 1　土地区画整理で隠された豊洲新市場の闇に迫る

## 1　区画整理でおおわれたもう一つの闇

いま、豊洲新市場問題への関心は、盛り土問題から、汚染を知りながら、なぜ豊洲に移転を強行したのか、さらには、東京都はなぜ汚染原因者である東京ガス（以下、その子会社、東京ガス豊洲開発を含む）の汚染対策費を肩代わりしたのか、石原慎太郎元都知事の責任問題へと移っている。

しかし、これまで、マスコミがまったくふれていない、きわめて大きな東京都の不公正がある。それは、次に列挙する三つの不公正だ。それらは、いずれも、豊洲の整備に使われた土地区画整理（以下、区画整理とする）と密接に関わっている。

①　東京ガスは汚染原因者負担の原則[*1]をふみにじり、不十分な汚染対策しかしていないのに、東京都は、その土地を汚染のない土地として評価・購入し、東京ガスに不当な利得を与えたこと。

## 写真１－１　豊洲新市場

右手が豊洲新市場、左手上は「ゆりかもめ」

建物は建ったものの……

出所：2017 年 2 月 7 日、遠藤哲人撮影

② 東京都は、区画整理の手法をつかって、汚染地と普通地の大幅な入れ替えをおこない、東京ガスに不当な利得をあたえたこと。

③ 東京都は、東京ガス、東京鐵鋼埠頭、東京電力といった民間地権者の区画整理費用負担を減らし、その分、彼らの利得を増やしたこと。

これら三つの不公正はいずれも、区画整理の手法と密接に関係している。

①の不公正は、区画整理によって、その実態が、見えにくくされている。

②と③は、区画整理そのものによって、生み出される不公正である。

これらの不公正は、区画整理に立ち入ることなしに解明することはできない。東京都がおこなった、これら三つの不公正が、区画整理とどのようにかかわっているのか、そのしくみと実態を明らかにしていくことが本書の目的である。

詳しくは、次節以降で述べるが、それに先だって、これらの不公正と区画整理の関わりについて、簡単な見取り図を示しておこう。

## 東京ガスの汚染対策費負担逃れ

図表1－1をみていただきたい。これは、ベンゼンとシアンの汚染分布図、豊洲新市場用地、そして、開発前の東京ガス所有地を一つの図に重ね合わせたものである。

汚染は、豊洲新市場用地に集中しており、その用地は、ほぼ、東京ガス所有地と重なっている。な

図表1－1　東京ガス所有地に広がる土壌汚染

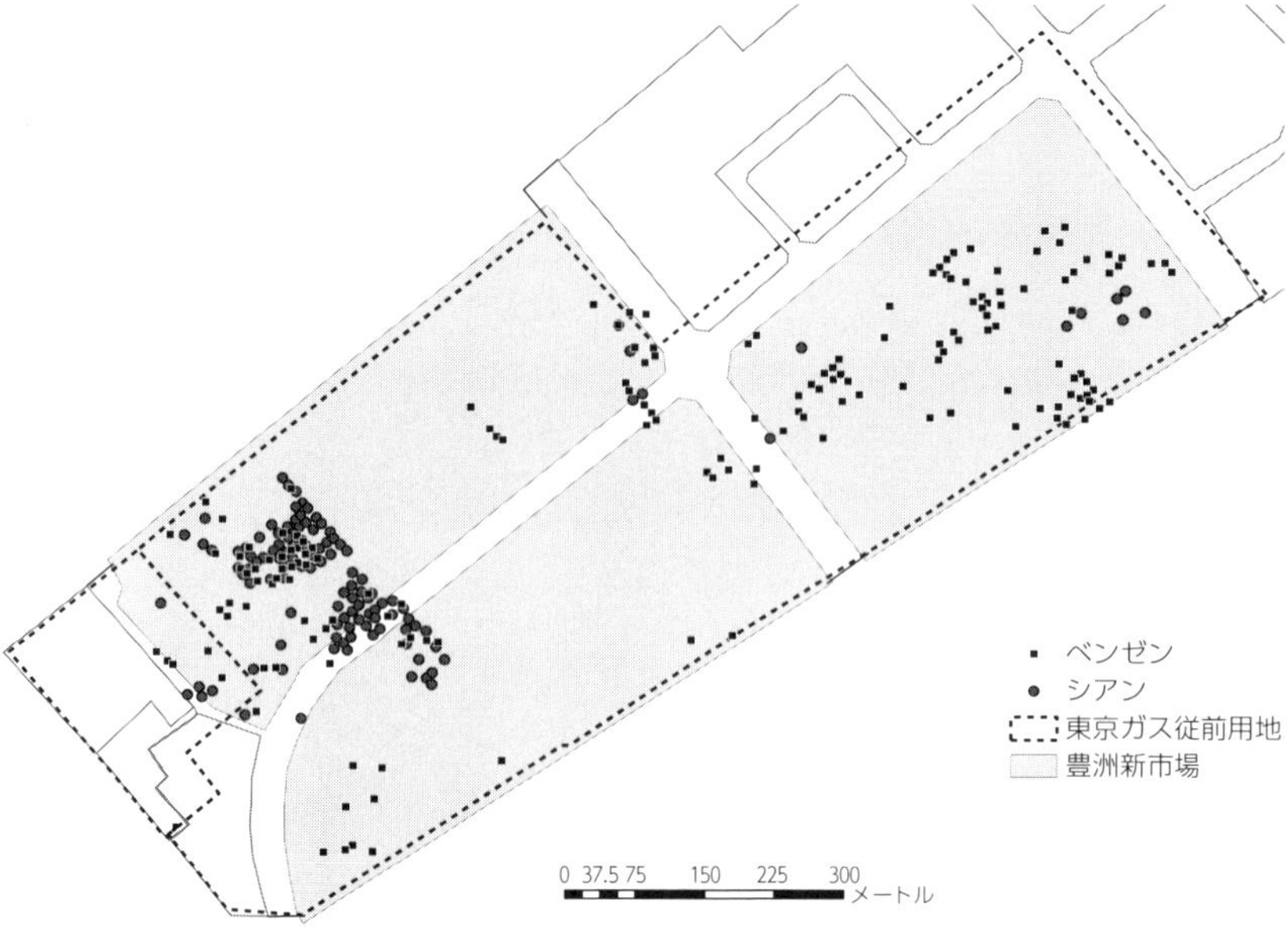


注：1　図は、ベンゼン、シアンいずれも、検出値が処理基準値の100倍を越える汚染地点を示す（ヒ素、鉛、水銀、六価クロム、カドミウムは省略した）。
　　2　東京ガス従前用地は、「従前の土地図」（「財政価格審議会」参考資料②、2006［平成18］年1月20日）による。
資料：第6回豊洲新市場予定地における土壌汚染対策等に関する専門家会議（2008［平成20］年5月31日）会議資料「別紙－2　地下水濃度分布と豊洲新市場施設配置の重ね合わせ図」より筆者作成。

ぜ、このようなひどい土壌が汚染された土地を、食の安全がきびしく守られなければならない市場用地に選んだのか。一つの闇である。しかし、ここでは、立ち入らない。

本書で明らかにしたいのは、東京都が区画整理の手法をつかうことで、いかに、汚染原因者負担原則をあいまいにし、東京ガスに、負担逃れを許したのかという点にある。

この点をよりわかりやすく説明するために、まず、区画整理はないものとし、単純に、東京ガスから直接、その全汚染用地を購入し、そのまま市場用地（37・3ha）にあてるという場合を想定してみよう。

その場合には、東京都は、汚染された用地を東京ガスから直接買うことになり、土地譲渡者と汚染原因者は同じになる。汚染原因者負担の原則にもとづけば、東京都は、当然、東京ガスに対し、汚染対策費全額の負担をもとめることになる。そして、土地売買契約書の中で、汚染対策費についての取り決めをおこなえば、その履行は確実に担保される。

しかし、実際には、汚染処理費用858億円（これは2016年9月現在の数値。周知のとおり、2017年1月14日の地下水モニタリング調査の最終結果で、まだ深刻な汚染が続いていることがわかったことから、今後、さらに増えていく可能性がある）の大半は、東京都が負担している。東京ガスが負担したのは、その内78億円で、これまで東京ガスが自ら支出した汚染対策工事費102億円を合わせても、180億円にすぎない。

これによる不公正は、きわめて明瞭である。図表1－2によって説明しよう。

〝区画整理がない〟という仮定の下では、東京都は、豊洲市場用地37・3haを直接、東京ガスから1859億円で購入することになる（後掲図表1－13参照）。1859億円は、汚染のない、通常の土地の市場価格だ。したがって、東京ガス用地の汚染地としての価値は、1859億円から、汚染対策工事費を差し引いた899億円となる。汚染処理費を投じて、はじめて、汚染のない土地になるからだ。その適正売買価格は、汚染地としての土地の価値に、東京ガスの汚染対策工事費を加えた額であ

**図表1－2　豊洲市場用地の売買価格とその構成**

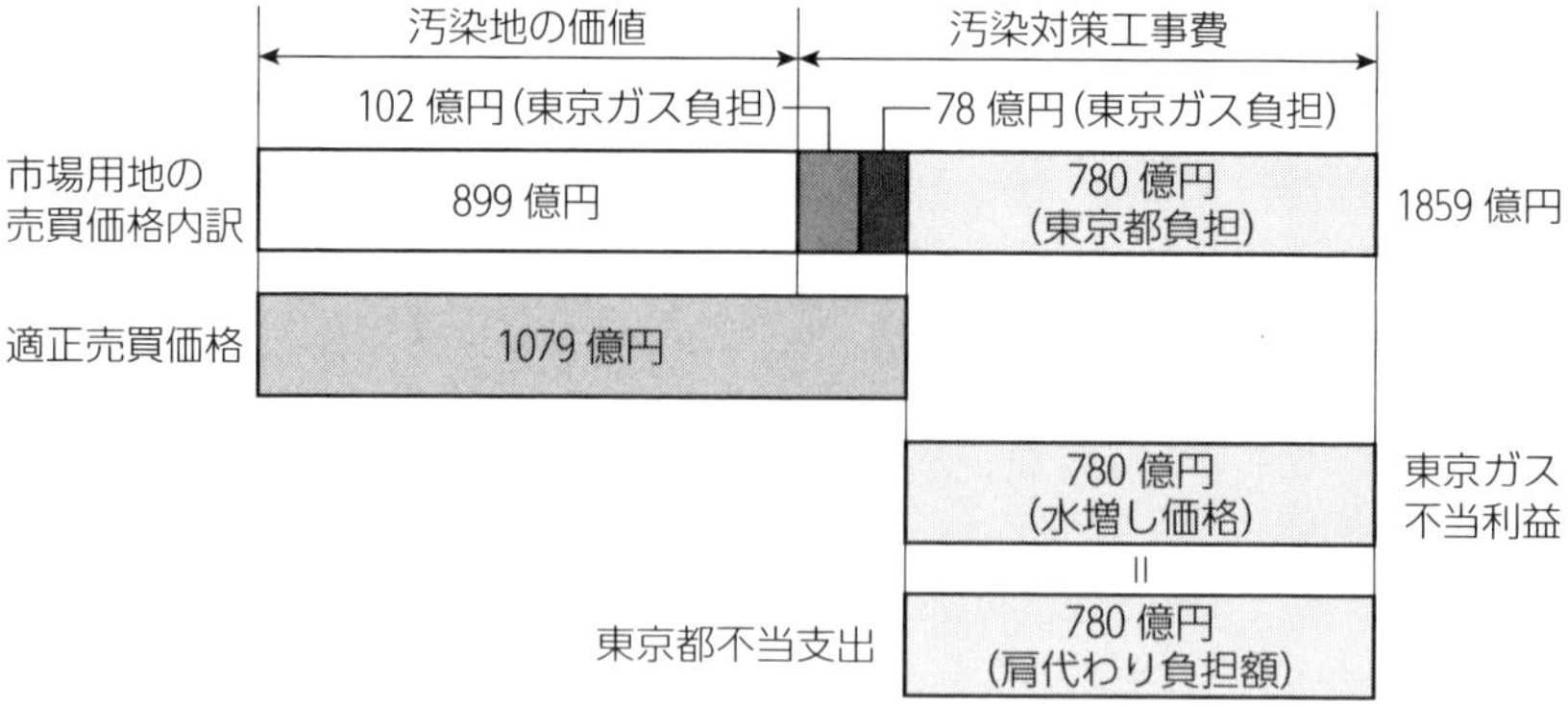


出所：筆者作成。

る。それは、図表1－2にみるように、東京都の購入価額1859億円から、東京都の汚染対策費負担分780億円を差し引いた、1079億円に等しい。

しかし、東京都は、この適正売買価格に、東京ガスの肩代わり負担額780億円を上積みして、1859億円で東京ガスの土地を購入している。東京都は、780億円、不当な公金支出をしたことになるのだ。しかし、これを東京ガス側からみれば、東京都の肩代わりによって負担を免れた分、780億円を丸得できたことになる。東京都は不当な公金支出をすることで、東京ガスに不当利得を与えるという二重の不公正をおこなったのである。

以上のように、東京都が、直接、東京ガスから用地を購入すると仮定した場合、東京ガスが不当な利益をどのようにして手にいれたのか、東京都がどれだけの不当な公金支出をしたかは、一目瞭然である。

しかし、ここに区画整理がからんでくるや、たちどころに東京ガスの負担逃れと、その裏返しとしての東京都の公金支

図表1－3　豊洲地区土地区画整理事業の「概略換地図」

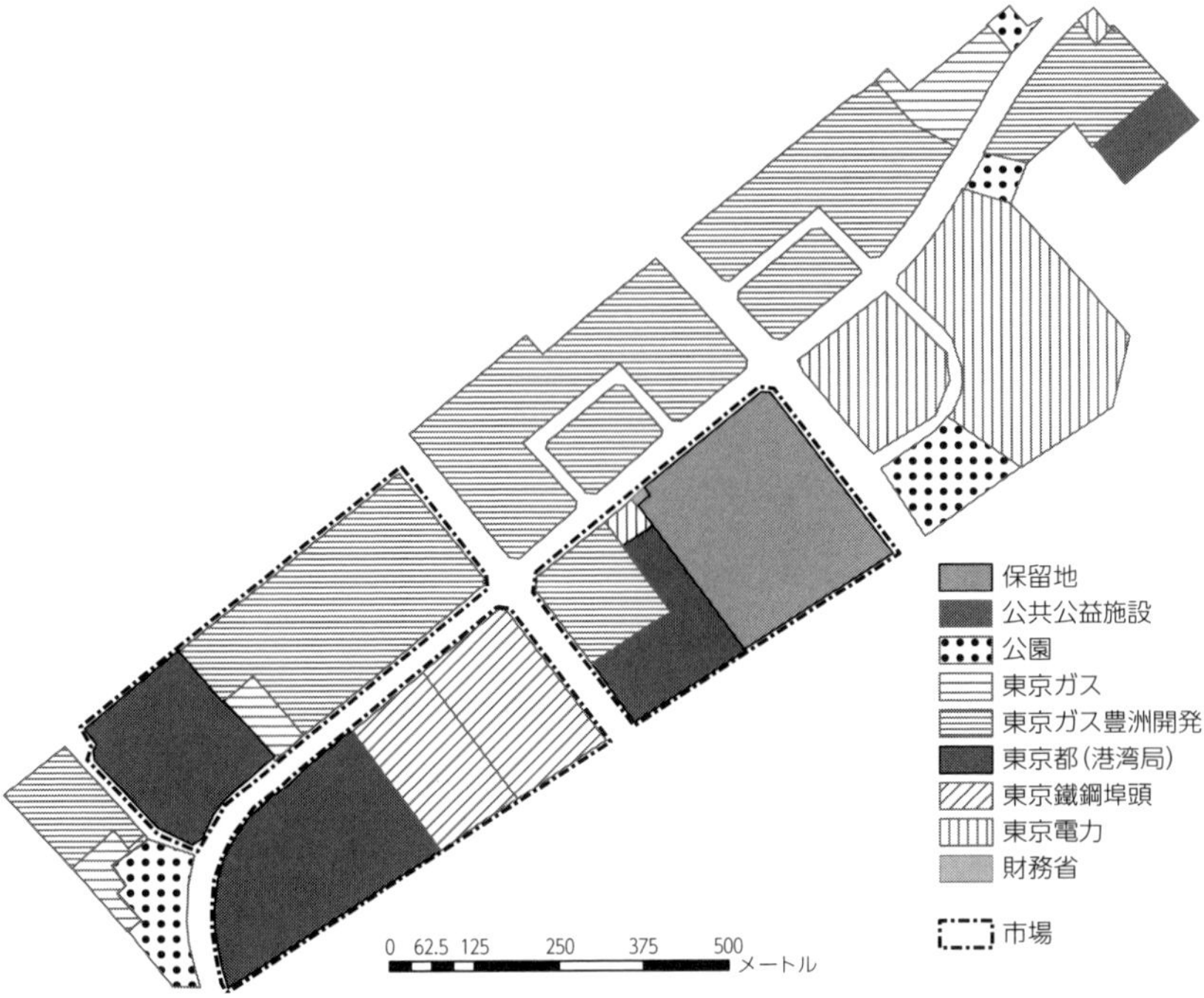


注：東京ガス豊洲開発は東京ガスの子会社として、1991（平成3）年に設立。
資料：「換地設計の変更に係る合意」（2006［平成18］年7月14日）の「概略換地図」（別紙1）より筆者作成。

出の不当性は、一挙に見えにくくなってしまうのだ。

## 区画整理がからむと

区画整理がおこなわれる場合、ふつう、土地の入れ替え（換地という）がなされる。ただし、その場合、換地は、できるだけ元の土地の近くに配置するのが原則である。しかし、豊洲地区の区画整理の場合、1㎞前後も離れたところに飛ばすような換地がおこなわれ、全体として大幅に、土地が入れ替えられることになった。

その結果、新たな土地の所有関係は図表1－3のようになった（正確には、「所有」ではなく、「使用収益権」である。この換地図は、仮換地の状況を示したものであるが、仮換地の段階では、土地の使用収益権のみが移され、登記簿上の所有権は、元の土地に止まる）。見てわかるとおり、元東京ガスの所有地はバラバラに分割され、そのかなりの部分は、東京都、東京鐵鋼埠頭、東京電力、財務省、そして保留地（売却によって、事業費に充てる土地。詳しくは後述）に占められるにいたっている。

この図をみると、東京ガス（東京ガス豊洲開発を含む。以下同じ）の土地は、市場用地の一部（約4分の1）にすぎない。東京ガスはその土地を東京都に売り渡すわけだから、同社が汚染対策費を負担しなければならないのは、その土地の部分についてだけであるかのようにみえる。もちろん、それは錯覚である。東京ガスは、市場用地すべての汚染原因者であり、したがって、市場用地すべてに対して、汚染対策費の負担を背負わなければならないのだ。

しかし、それを、東京ガスに、いかにして履行させることができるのか。もし、市場用地の所有者が東京ガス一人であれば、事態は単純で、先にみたように、売買契約を通じて、約束させることができる。しかし、いまや、東京都は、東京ガスのみでなく、こうしたさまざまな新しい換地の権利者から市場用地を購入することになる。ところが、これら地権者自身は汚染原因者ではない。元東京ガスの汚染地に換地されたにすぎない。したがって、土地の売買契約を通じて、彼らに、東京ガスの汚染対策にかかわる費用負担等の履行を求めることはできない。結局、それは、売買契約書ではなく、たとえば、「合意文書」あるいは「協定書」といった、契約の外部での東京ガスと東京都との取り決め文書に委ねざるをえなくなる。実際、両者の間で、こうした合意文書等が取り交わされている。

しかし、こうしたかたちをとるや、東京ガスがどこまで汚染対策をおこない、その費用を負担するかということを、適正な売買価格の評定に反映させることがむずかしくなる。

つまり、こうである。東京都が新しい換地の権利者から土地を購入する場合、財産価格審議会にかけられ、購入予定価格が適正か否かが判断される。しかし、その際、汚染対策を取り決めた合意文書にまで立ち戻り、東京ガスがどれだけ汚染対策費用を負担し、どの程度の汚染処理をおこなうことが約束されているかがチェックされることはない。それは別途協議に委ねられているとして、適正価格の評定から切り離されてしまうのである。かくして、東京ガスが汚染原因者負担にのっとって、どこまで適正に汚染対策をおこなっているかが、財産価格審議会によって検証されることなく、あいまいにされたまま、結局、〝汚染なし〟として適正価格の評定が下されてしまうのである。

## 東京ガスの不当利得

換地がなされる場合、元の土地の評価と、新たに与えられる土地の評価がなされる。この土地の評価においても、当然ながら、どれだけ汚染対策費用を負担し、どの程度の汚染処理をおこなうことが約束されているかが、反映されなければならない。しかし、豊洲地区の区画整理では、後で紹介する合意文書（14年、17年［確認］）を根拠に、〝汚染なし〟という前提で、評価がなされている。汚染地の評価額が水増しされているわけだ。このこと自体、東京ガスに利得をもたらすものであるが、さら

図表1－4　都有地が、東京ガス汚染地に移される

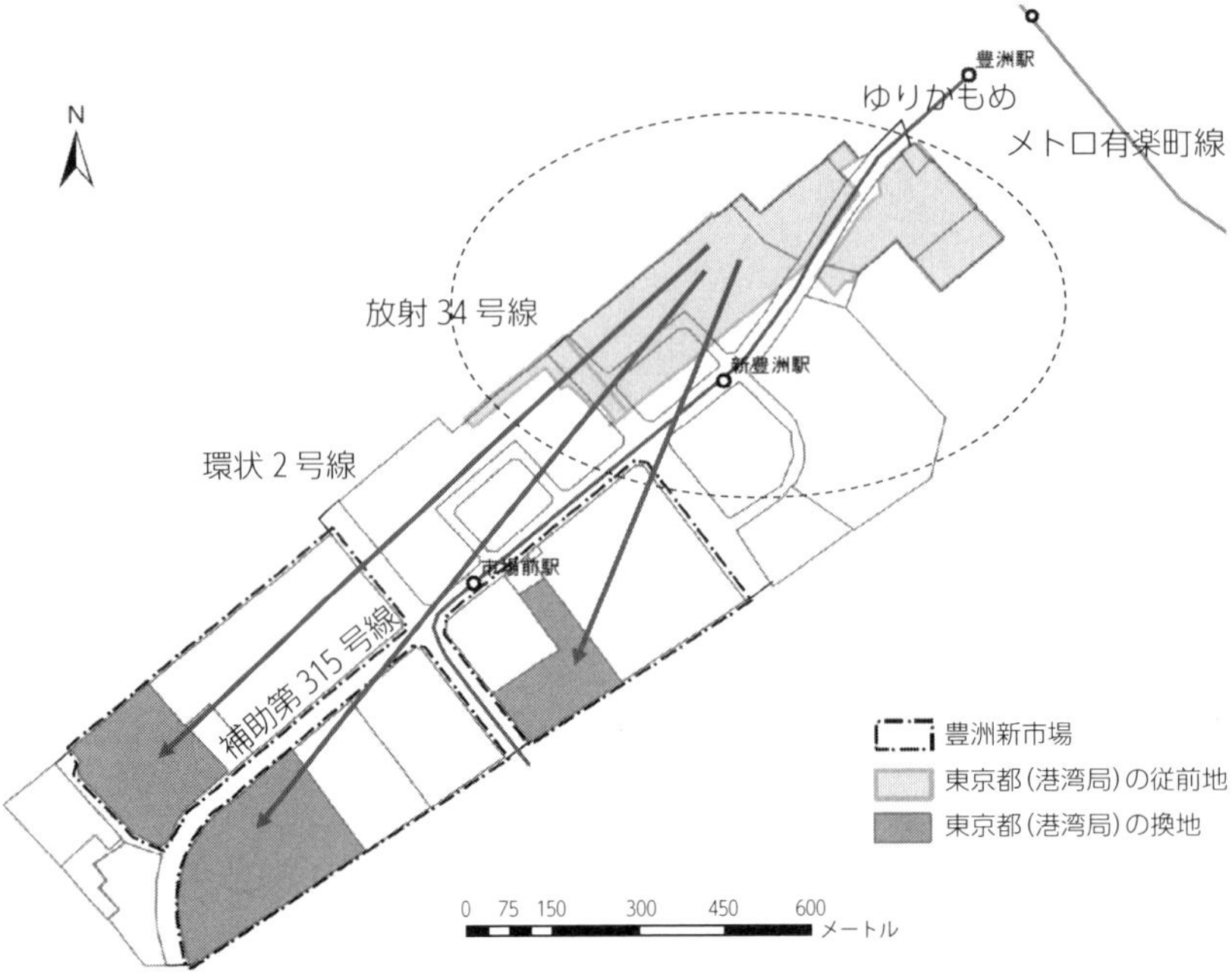


注：東京都（港湾局）の従前地は、「従前の土地図」（「財政価格審議会」参考資料②、2006年1月20日）による。換地は図表1－3に同じ。
出所：筆者作成。

に注目すべきは、このような不当な土地評価の上に立って、さらに東京ガスの汚染地と汚染のない普通地との大幅な入れ替えが行われている点である。

　たとえば、図表1－4をみてみよう。この事例では、東京都（港湾局）の土地が、市場用地内に分散して移されている。この都有地は、東京メトロ有楽町線とゆりかもめ線が交わる豊洲駅に近い一等地である。それが、汚染まみれの東京ガスの土地と交換されたのである。代わりに、東京都の一等地を手にいれたのは東京ガスにほかならない。東京鐡鋼埠頭の土地についても、おなじように東京ガス

の汚染地との入れ替えがなされている。東京ガスはこうして、自社所有地の約3分の2を、汚染のない土地に変えたのだ（図表1－3）。汚染地の、汚染のない安全な土地資産への変換。これは明らかに東京ガスを利するはずだ。

もっとも、これによって東京ガスがどれだけの利益を不当に得たのか。これを理解するには、区画整理の換地のしくみを知らなければならないが、この点についても後ほど詳しく説明を試みたい。

以上のように豊洲新市場の〝もう一つの闇〟は、まさに区画整理によって隠され、区画整理によって生み出されたといえる。しかし、区画整理のしくみは一般にはあまり知られていないため、その不公正さは人目にはほとんど見えないものになっているのである。

次に区画整理と結びつくことで、何が隠され、何がみえなくなってしまったのか、このことをできる限り明らかにしてみたい。

## 区画整理で整備された豊洲地区

そもそも、豊洲地域一帯が区画整理で整備が進められていることに注意を払う人はほとんどいない。ついでにいえば、豊洲・晴海、そして臨海副都心の有明北地区のほとんどのエリアは、区画整理で整備が進められているのだ。その面積は実に合計200haに及ぶ。東京ディズニーランドの、ほぼ4個分である。

豊洲で進められている区画整理は、東京都都市整備局のホームページの説明を借りると次のようになる。

「新たに必要な公共施設や事業資金を生み出すために、土地所有者等からその所有地等の面積や位置などに応じて、少しずつ土地を提供（減歩）していただき、これを道路、公園等の公共施設用地や保留地に充てます。

事業により公共施設は所要の位置に配置され、宅地は公共施設にあわせて再配置（換地）されます。この際、宅地は地形や形状の改善により、従前の土地に見合う評価が得られるようになります」。

補足すると、減歩は、〝ゲンブ〟とよむ。〝歩〟は土地の意味で、したがって減歩は文字どおり土地を減らすこと。それに対する補償金は支払われない。保留地とは事業費の一部に充てるため、売却される土地のことである。区画整理を実施すれば、公共施設の整備等によって地価が上昇する。区画整理によって引き上げられた宅地の総資産価値は、保留地を除いて、整理前の各権利者の資産価値に比例して再配分される。ただし、それは、金銭のかたちでなく、土地の再配分としてなされる。その手法が換地である。事業費に対して、国や自治体から支援される場合が多いが、土地権利者が自前でまかなうというのが原則である。つまり、区画整理は、まさに、民間の負担で都市計画を進める、〝民活都市計画〟の優等生といえるのだ。

問題の豊洲区画整理事業は、東京都が施行する約91haという巨大区画整理だ。土地権利者は、東京ガスが半分、残りのほとんどを東京電力、東京鐵鋼埠頭、そして東京都という巨大地主が占めている。

1997年決定された「事業計画書」(「東京都市計画事業豊洲土地区画整理事業　事業計画書」1997〔平成9〕年11月17日東京都告示第1232号)には、事業の目的として、「本地区は、臨海副都心と都心との中間に位置することから、臨海副都心と連係した整備を図ることとして、住居、商業、業務、文化、レクリエーションなどの諸機能が効果的に複合された活力ある市街地の実現を図るため、土地利用の転換とそれに必要な都市計画道路等の広域的交通施設の一体的整備を進め、都市機能の更新を図る」ことがうたわれている。

注目すべきは、「本事業は、開発利益の還元により広域的交通施設の一体的な整備を図るための手法として、大街区方式土地区画整理事業により施行するものである」と記されている点だ。いわゆる「開発者負担」の考え方で、広域的な公共施設をも整備しようとするもので、80年代バブル時代に、生み出された方式である。豊洲・晴海・臨海副都心で、全国に先駆けて取り入れられた。[*2] 実際、豊洲土地区画整理事業では、幅員50m前後の、環状第2号線、放射第34号線、補助第315号線という3本の広域幹線街路が区画整理事業によって整備されるが、総事業費742億円はすべて保留地の処分金でまかなわれる計画であった。ちなみに、公共減歩率14・1%、保留地減歩率14・0%である。[*3] まさに、民活都市計画を絵で描いたような土地区画整理であり、この限りでは、資本合理性にのっとった、ある意味では健全な区画整理といえる。

しかし、1999年4月、都知事に就任した石原慎太郎氏が、着任早々、この豊洲地区への市場移転をしようとする動きを見せ始めるや、この区画整理は、当初の姿から大きく歪められていくのである。

## 2　東京ガス、一転、新市場を受け入れへ——闇の始まり

### なぜ、東京ガスは築地市場移転を拒んだのか—東京都宛て東京ガス質問書

実は、この1999年時点では、東京ガスは土地の売却をつよく拒んでいた。それは、東京ガス株式会社取締役副社長（氏名判読不能）が、2000年6月2日付けで、東京都副知事・福永正通氏宛てに出した「弊社豊洲用地への築地市場移転に関わる御都のお考えについて（質問）」をみればわかる。

同質問は、「さて御都からは昨年、弊社が豊洲に所有する土地の市場用地としての譲渡につきまして打診をいただきました」という文章で始まる。1999年には、豊洲移転に向け、東京都と東京ガスの間で非公式の協議がはじまっていたことがわかる。

A4にして5ページにわたる質問書には、なぜ、東京ガスが売却を拒むのか、その理由がきめ細かく記されている。

まず、東京ガスの基本姿勢が示される。曰く、昭和63（1988）年に決定された国や都の開発方針にしたがい、「13年余、工場を閉鎖、東京ガス豊洲開発（株）の設立、土地区画整理事業の『基本合意』等を経て、粛々と新しい街づくりに取り組んでまいりました。……従いまして、築地市場の豊洲

移転は、弊社といたしましては基本的には受け入れがたい所であります」。

続いて、売却が受け入れられない具体的理由が述べられる。要点をまとめると次のようになる。

① すでに、2000年2月、非公式協議で提案したように、新市場用地は、「豊洲埠頭の根元（4・5街区中心）」に配置するのが最適である。「豊洲埠頭は長く美しい水際線を有し、特に先端部（6・7街区）はパノラマ的な景観が素晴らしく付加価値の高い都市開発をすべき立地と評価」している。

② 「万一譲渡ということになると、事業性・資産性の高い土地だけに、株主を始め関心が持たれるのは必至で弊社には説明責任」が生じる。

③ 「広大な規模での土地譲渡となると、含みが一挙に顕在化する課税問題とともに、環境への影響等による近傍地価の低下、開発投入資金の回収不能等が出て」くる。

④ 「豊洲用地は工場跡地であり、土壌処理や地中埋設物の撤去等が必要」となるが、東京ガスとしては、「土壌の自浄作用を考慮したより合理的な方法を採用し、長期的に取り組」む予定だが、「譲渡にあたりその時点で処理と言うことになれば、大変な改善費用を要する」ため、売却はできない。

こうした明確な理由のもとに、東京ガスはかなりかたくなに、売却を拒んできた姿勢がよみとれる。しかしこれが、東京都の譲歩をかちとるためのポーズであったのか、それとも、真意であったのか、これもいまなお知ることができないのだが。

## 「基本合意」で何が約束されたのか

それはともかく、この、売却拒否を表明した翌年、2001年7月、東京ガスは、一転、受け入れに転じる。東京都から、東京ガスにとってきわめて有利な条件が示されたからだ。それは、東京都副知事・濱渦武生《はまうずたけお》氏と東京ガス株式会社取締役副社長・伊東春野《いとうはるの》氏の間で交わされた、合意文書「築地市場の豊洲移転に関する東京都と東京ガスとの基本合意」（2001年7月6日）である。

合意内容をより具体化した、東京都と民間地権者（東京ガス、東京ガス豊洲開発、東京電力、東京鐵鋼埠頭）による「豊洲地区開発整備に係る合意」[*4]（2002［平成14］年7月31日）ならびに、「『豊洲地区開発整備に係る合意』に当たっての確認」（同日）もふまえて、ポイントを整理すると次のようになる。

① 新市場を、第5、6、7街区内へ配置する。
② 換地設計の変更。
③ 防潮護岸整備経費を区画整理事業費から除外する。
④ 開発者負担金については、負担の仕組みを見直す。
⑤ 土地区画整理事業の事業費のいっそうの縮減。
⑥ 豊洲地区内の汚染土壌対策については、「都民の健康と安全を確保する環境に関する条例（環境確保条例）」（2000［平成12］年12月22日）に基づき対応を行う。

以上、6項目について、簡単にコメントしておく。

①の新市場の配置は、そのまま実現している。
②の換地設計の変更では、東京ガスの汚染地と他の土地権利者の汚染のない普通地との、大幅な入れ替えがなされる。これによって、東京ガスの用地のおよそ3分の2が、汚染のない普通地に移される。これは東京ガスにとって、とても甘い話である。さらに、これに市場用地として売却する土地面積が、約3分の1に減らされるというメリットも加わる。東京ガスが、「質問書」で訴えていた土地の譲渡による課税問題や、株主への説明といった問題がかなり軽減されることになるわけである。

この換地設計の変更は、東京ガスが、豊洲新市場の受け入れに転じさせた、大きな要因の一つと考えられる。後でくわしく検討する。

③の防潮護岸整備経費の、区画整理事業費からの除外。これによって、事業費が444億円軽減された。[*5] なお、1997［平成9］年「事業計画書」には、防潮護岸整備費の項目がない。おそらく、この段階では、東京ガス、東京鐵鋼埠頭、東京電力が負担を渋ったため、事業計画書に盛り込めなかったのではないかと推測される。[*6]

④の開発者負担金の見直し。

「豊洲地区開発整備に係る合意」では、つぎのように記されている。

「東京臨海部の広域幹線道路等の整備に係る豊洲地区の開発者負担額については、4島（豊洲、晴海、有明北及び臨海副都心）の開発者負担額の合計[redacted]のうち[redacted]相当とする。このうち、土地区画整理事業区域内の地権者は、公共・保留地減歩（[redacted]相当）として土地で負担する」。

### 図表１－５　広域的根幹施設の概算事業費及び開発者負担額・公共等負担額

【現　行】

| 整備・負担対象施設 | 総事業費 | 公共等負担 | 開発者負担 | 備考 |
|---|---|---|---|---|
| 一　般　道　路<br>放射34号線（晴海通り延伸）<br>環状2号線延伸<br>補助314号線<br>（土地区画整理事業区域内）<br>補助315号線 | [redacted] | [redacted] | [redacted] | 負担対象整備費を開発者負担と公共負担で[redacted]ずつ負担 |
| 都　市　高　速　道　路<br>都市高速道路晴海線 | [redacted] | [redacted] | [redacted] | ランプ関連整備費を開発者負担 |
| 新　交　通　シ　ス　テ　ム<br>臨海新交通システム（有明～豊洲） | [redacted] | [redacted] | [redacted] | 有明から豊洲までのインフラ部事業費の[redacted]開発者負担 |
| 合　　　計 | [redacted] | [redacted] | [redacted] | |

＊1　都市高速道路における首都高速道路公団の事業費は除いている。

【今　回】

| 整備・負担対象施設 | 総事業費 | 公共等負担 | 開発者負担 | 備考 |
|---|---|---|---|---|
| 一　般　道　路<br>放射34号線（晴海通り延伸）<br>環状2号線延伸<br>補助314号線<br>（土地区画整理事業区域内）<br>補助315号線 | [redacted] | [redacted] | [redacted] | 負担対象整備費を開発者負担と公共負担で[redacted]ずつ負担<br>＊東雲1・晴豊1号橋下部工事に係る首都高負担を含む |
| 都　市　高　速　道　路<br>都市高速道路晴海線 | [redacted] | [redacted] | [redacted] | ランプ関連整備費を開発者負担 |
| 新　交　通　シ　ス　テ　ム<br>臨海新交通システム（有明～豊洲） | [redacted] | [redacted] | [redacted] | 有明から豊洲までのインフラ部事業費の[redacted]を開発者負担 |
| 合　　　計 | [redacted] | [redacted] | [redacted] | |

＊1　都市高速道路における首都高速道路公団の事業費は除いている。

出所：「『豊洲地区開発整備に係る合意』の一部変更に係る合意」（2006［平成18］年３月３日）の別紙2(1)「東京臨海部広域的根幹施設整備における開発者負担について」。

金額は墨塗りになっており、広域幹線道路以外の開発者負担金がどのように変更されたのかも、不明である。ちなみに、その後、２００６（平成18）年３月３日、「『豊洲地区開発整備に係る合意』の一部変更に係る合意」がなされ、開発者負担金も変更されているが、図表１－５のように、金額部分は、やはり伏せられている。

⑤の土地区画整理事業費の削減努力。先の③、④も手伝って、図表１－６のように、事業費は、２００２（平成14）年の合意段階で、半減されている。さらに、２００６（平成18）年の「平成14年合意」の一部変更により、１００億円近く削減されている。こうして事業費が削減されれば、地権者の負担（保留地減歩）はより減ることになる（図表１－７参照）。

⑥の汚染土壌対策。これに関わる合意も、東京ガスが、豊洲新市場の受け入れに転じた大きな理由の一つと考えられる。「環境確保条例」（２０００［平成12］

### 図表1－6　土地区画整理事業費の推移

（単位：億円）

| 事項 | | | | 平成9年「事業計画書」記載の事業費 | 「平成14年合意」にもとづく概略事業費 | 平成18年「平成14年合意」の一部変更に係わる合意にもとづく概略事業費 |
|---|---|---|---|---|---|---|
| 公共施設整備費 | 築造 | 道路築造費 | 幹線道路 | 87 | 87 | 82 |
| | | | 区画道路 | 0 | 4 | 4 |
| | | | C.C.BOX | 12 | 28 | 20 |
| | | 防潮護岸 | | （444） | 0 | 6 |
| | | 公園施設費 | | 8 | 9 | 9 |
| | 移転 | 建物移転費 | | 58 | 20 | 0 |
| | 移設 | 供給処理施設 | | 82 | 43 | 47 |
| 該当事業費法二条第2項 | | 上水道 | | 36 | 62 | 44 |
| | | 下水道 | | 121 | 33 | 34 |
| 整地費 | | | | 109 | 107 | 105 |
| 付帯工事費 | | | | 92 | 92 | 65 |
| 調査設計・事務費等 | | | | 35 | 28 | 26 |
| 借入金利子 | | | | 102 | 38 | 19 |
| 事業費総額 | | | | 742（1,186） | 551 | 461 |

原注：本表は保留地処分金においてまかなう事業費である。
注：（　）は防潮護岸を含む事業費。
資料：「東京都市計画事業豊洲土地区画整理事業事業計画書」（1997［平成9］年11月17日東京都告示第1232号）、「豊洲地区開発整備に係る合意」（2002［平成14］年7月31日）、「『豊洲地区開発整備に係る合意』の一部変更に係る合意」（2006［平成18］年3月3日）より作成。

年）にもとづく汚染対策ということで、かなり低い負担額に抑えられるとふんだのではないか。実際、東京ガスは、これにもとづき汚染処理をおこなっているが、それに支出した金額は102億円に止まっている。東京ガスは、そうした少ない負担額と引き替えに、汚染のない土地として評価されれば、東京ガスは、莫大な利益を手にすることができるはずだ。2016年9月23日放映の羽鳥慎一モーニングショーで、基本合意の締結者の元副知事・濱渦武生氏は、「(用地取得費は)当時は何百億円という話だった。誰がつり上げたか知らんけどね。汚染していた土地なのに高い」などと話している(http://www.j-cast.com/tv/2016/09/23278735.html)。小手先だけの汚染処理で、数百億円という汚染地を、1743億円の土地(内、535億円を東京都に売却)に化けさせることができるからだ(後掲の図表1-10参照)。

なお、開発合意を急いだ背景には、「土壌汚染対策法」(2002年5月、以下「土対法」という)の施行が間近にせまっていたこともあったのではないかと思われる。この新しい法律の下で、開発をおこなうとなれば、より多くの汚染処理費用を背負わなければならなくなるからだ。

以下、②の換地設計の変更とともに、この⑥の汚染処理費用の負担問題についても、以下、くわしく検討しよう。

**図表1-7　資金計画(収入)の推移**

(単位:億円)

| | 当初事業計画<br>1997年11月 | 第1回変更<br>2003年10月 | 第2回変更<br>2006年6月 |
|---|---|---|---|
| 保留地処分金<br>(保留地面積:ha) | 742.0<br>(12.2) | 551.0<br>(8.7) | 460.7<br>(7.2) |
| 下水道負担金等※ | 0 | 137.6 | 136.9 |
| 計 | 742.0 | 688.6 | 597.6 |

原注:※下水道負担金、中央卸売市場負担金、企業者(C・C・B)負担金
注:これまで、5回の事業計画の変更がおこなわれているが、第2回変更以降、大きな変更はない。
資料:各事業計画書より筆者作成。

## 3　換地で不当利得を得た東京ガス

### 東京ガス所有地の3分の2が汚染のない土地に

まず、換地によって、どのように土地の入れ替えがおこなわれたかを確認しておこう。

整理前の土地所有の状況は図表1−8のとおり。東京ガスが半分を占めていることがわかる。それが整理後、換地によって図表1−9のように変更された。

整理前と整理後の図を見比べてみると、東京ガスの土地が、換地によって、おおきく動いていることがわかる。それにともなって、他の土地所有者の土地も大きく動かされている。先にふれたように、都有地（14・4ha）はすべて、三つに分散して、新市場用地の一角（計12・7ha）に移されている。代わりに元都有地付近の街区（計7・9ha）に滑り込んだのは東京ガスの一部所有地（13・4ha）であった（東京都第一区画整理事務所「東京都市計画事業豊洲土地区画整理事業　換地調書」2003［平成15］年12月より集計）。このように入れ替えられたのは東京都だけではない。たとえば東京鐵鋼埠頭もそうだ。換地によって、ほぼ汚染のない東京鐵鋼埠頭地と東京ガス所有地が交換されている。さらにいえば、保留地も、元東京ガスの土地にもうけられている。東京ガス（豊洲開発分も含む）の換地、31・8haのうち、汚染地に止まったのは、約10・5haにすぎない。かくして、東京ガスは、換地面積のほぼ3分の2を汚染のない土地に移し替えることに成功した。東京ガスにとって、きわめて有利な

図表1－8　豊洲地区土地区画整理事業における「従前地」の状況

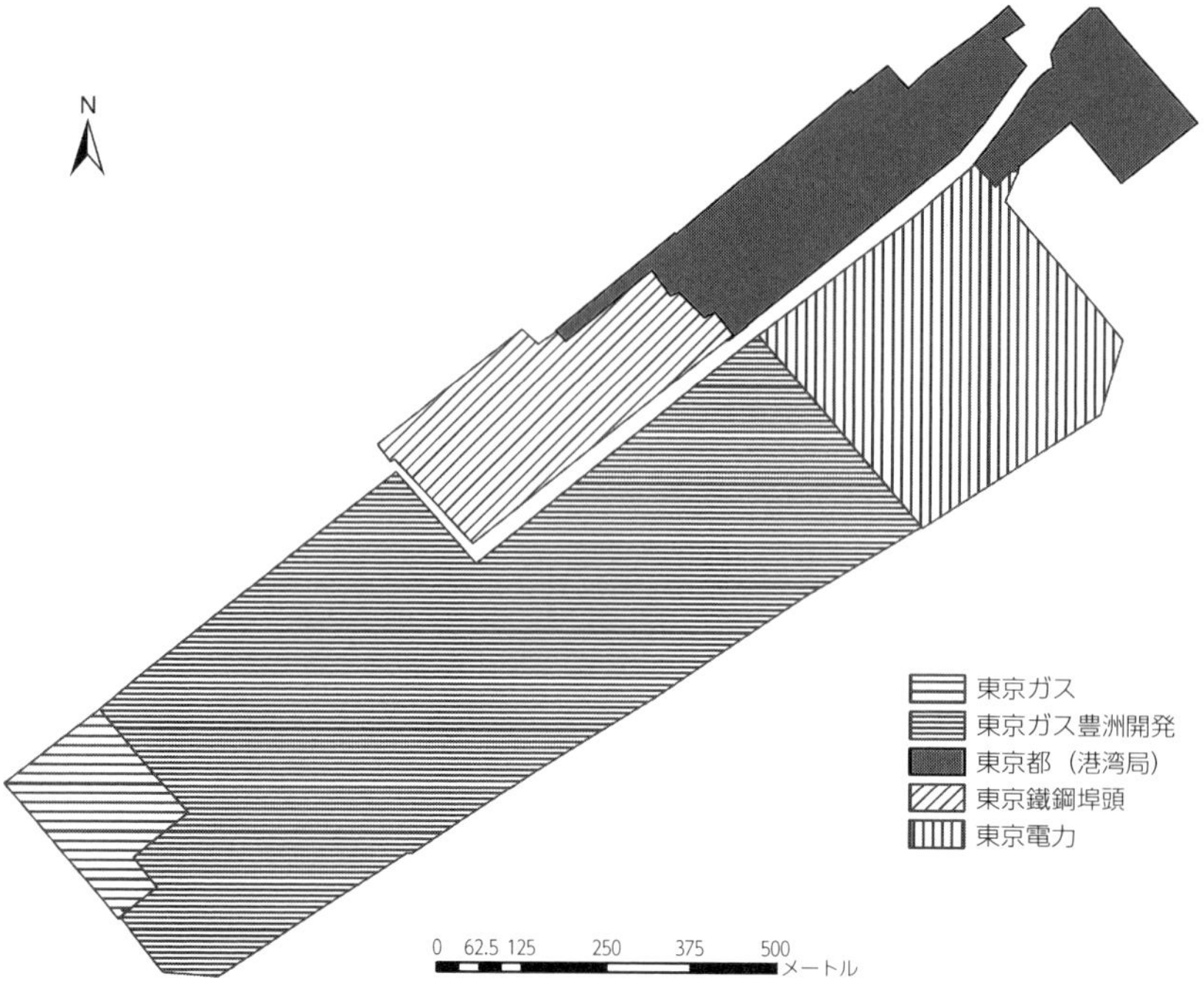


資料：図表1－4に同じ。

換地操作がおこなわれたことは、誰の目にもあきらかであろう。

　しかし、図表1－10は、少なくとも数字の上では、それを打ち消すものとなっている。同表は、整理前、整理後の土地所有の変化を権利者別に集計したものだ。ここで、右端の、b／aの欄に注目していただきたい。それぞれの権利者は、価格ベースで、整理前の約1・42倍の換地を得ていることがわかる。[*7] 換地は公平になされており、東京ガスが特別の利益を得たとはいえないのだ。

　しかし、はたして、この換地は、公正になされたといえるのか。もちろん、いえない。以下、この点を明らかにしていきたい。

図表1－9　豊洲地区土地区画整理事業の「概略換地図」（再掲）

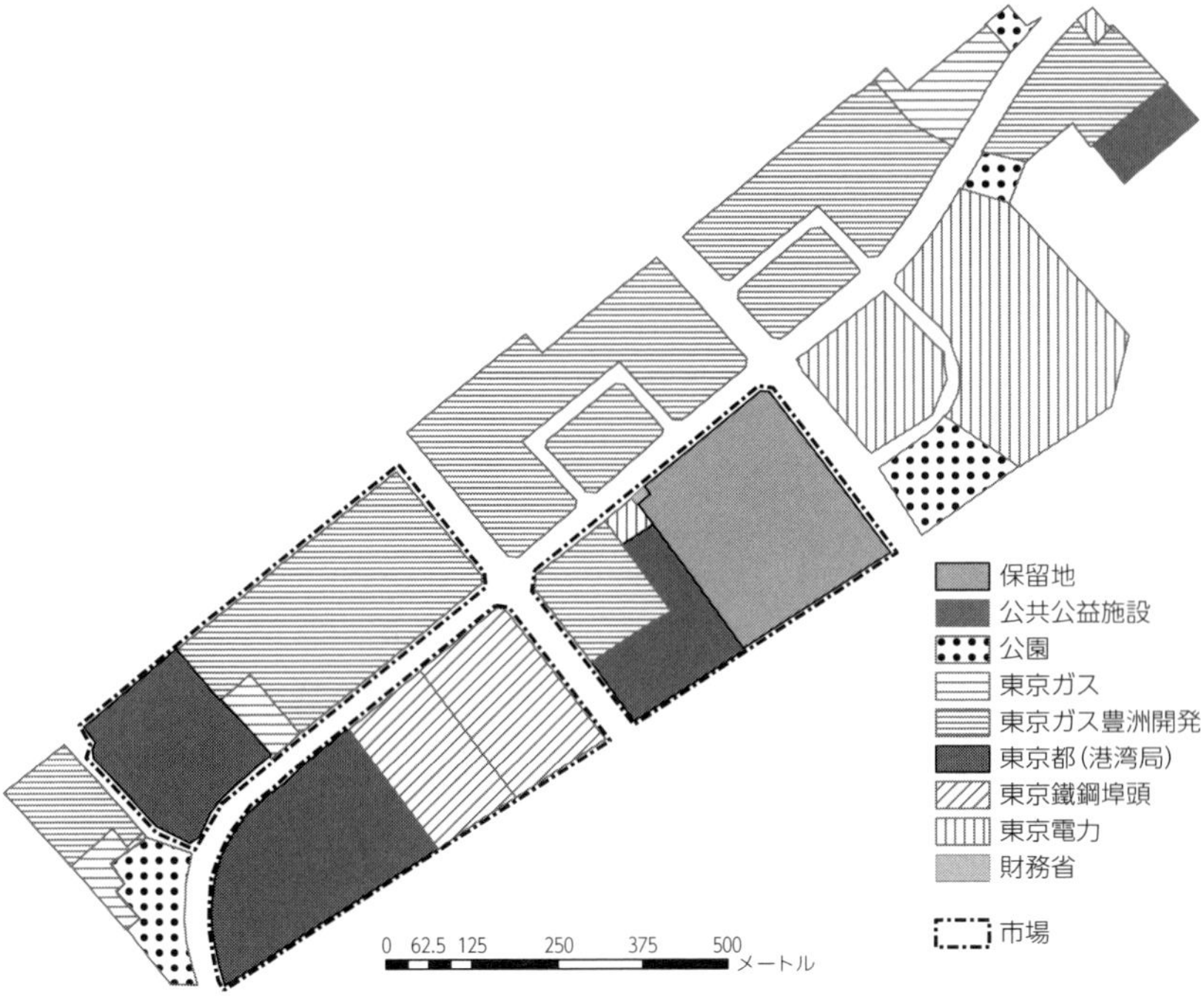


資料：図表1－3に同じ。

## 照応原則違反

この換地の不公正さはについて、2点指摘できる。

まず、汚染地と普通地の換地は、土地区画整理法89条にいう、いわゆる「照応原則」に反する。同条は、次のようになっている。「第八十九条　換地計画において換地を定める場合においては、換地及び従前の宅地の位置、地積、土質、水利、利用状況、環境等が照応するように定めなければならない」。換地は、単に価格レベルで、公平性が確保されるだけでなく、このように、いわば土地の利用価値レベルでの照応性・公平性が求められているのだ。いうまでもなく、豊洲地区の区画整理の場

図表1－10　区画整理施行前後の土地資産価値の変化

| | 施行前 | | 施行後 | | 差額 | 減歩率 | (b)／(a) |
|---|---|---|---|---|---|---|---|
| | 地積 (ha) | 価額(a) (億円) | 地積 (ha) | 価額(b) (億円) | (億円) | (%) | |
| 東京ガス | 49.7 | 1,224 | 31.8 | 1,743 | 519 | 36.0 | 1.42 |
| 東京電力 | 15.0 | 432 | 11.1 | 616 | 184 | 26.4 | 1.43 |
| 東京鐵鋼埠頭 | 8.5 | 226 | 6.4 | 323 | 97 | 25.4 | 1.43 |
| 東京都 | 14.4 | 432 | 12.7 | 615 | 183 | 11.7 | 1.42 |

原注：この価額推計値は参考値であり、地価の動向、評価方法等により変動する。
資料：東京都市整備局長、港湾局長、中央卸売市場長、東京ガス株式会社取締役社長、ほか民間土地権利者による「換地設計の変更に係わる合意」(2006［平成18］年7月14日）の（別紙1)、(2) より筆者作成。

合、こうした「照応原則」が守られているとはとうていいえない。すさまじく汚染された東京ガス所有地と汚染のない都有地や東京鐵鋼埠頭の所有地の土質が「照応」しているとは、とてもいえないからである。

ちなみに、区画整理の業界では、土対法への対応の検討が進められているが、区画整理促進機構「民間事業者研究会平成23（2011）年度分科会活動報告書」では、「照応の原則から、汚染地は原位置換地で対応することが適切」であると述べている。「原位置換地」とは、土地をほとんど動かさないで、元の位置に換地をあたえることだ。そうすれば、汚染処理は、汚染原因者としての、所有者に委ねられ、他者は汚染地から隔離されるからだ。「照応原則」をまもり、東京ガスの用地が換地によって、かくも大幅な入れ替えがなされていなければ、汚染処理費用負担の問題は、もっとシンプルになっていたに違いない。単に東京ガスの利益をはかるため、不合理な換地がなされたとしかいいようがないのである。

## 汚染地ではなく普通地として土地評価

2点目は、適正な評価がなされたかである。土対法の制定をうけ、２００２年7月、不動産鑑定評価基準が改正された。土地の評価要素として、土壌汚染が明確に位置づけられたのである。汚染地の価値は、汚染がない場合の価値から浄化費用及び心理的減価を差し引いた価値とされる。

区画整理における土地評価では、路線価評価方式という独自の評価方法にもとづいておこなわれるが、当然、こうした考え方がとりいられてしかるべきである。先の報告書も、「従前地及び換地共に減価が必要」としている。

では、豊洲土地区画整理における土地評価では、こうした土壌汚染による減価がなされているのか。「東京都市計画事業豊洲土地区画整理事業　土地評価基準」（２００４［平成16］年1月7日）には、そうした評価項目はみあたらない。実際、評価においても、まったくなされていない。従前従後の路線価指数図（２００５年8月）をみても、汚染がないかのように連続した変化を示しているからである。それは、図表1－11からも確かめられる。これは、画地の地価分布を示したものだ。画地の地価は、根元付近から先端までゆるやかに低下していることがわかる。汚染が考慮されていれば、元東京ガス所有地であったあたりの地価は、隔絶して低くなるはずであるからだ。

この区画整理においては、東京ガス所有地は完全に汚染はないものとして評価がなされているのである。しかし、汚染のない土地としての評価が許されるには、汚染原因者である東京ガスが、自らの負担によって、汚染処理をおこない、土壌汚染を完全になくすことが確約されていなければならな

図表1－11　土地評価価格の分布（万円／$m^2$）

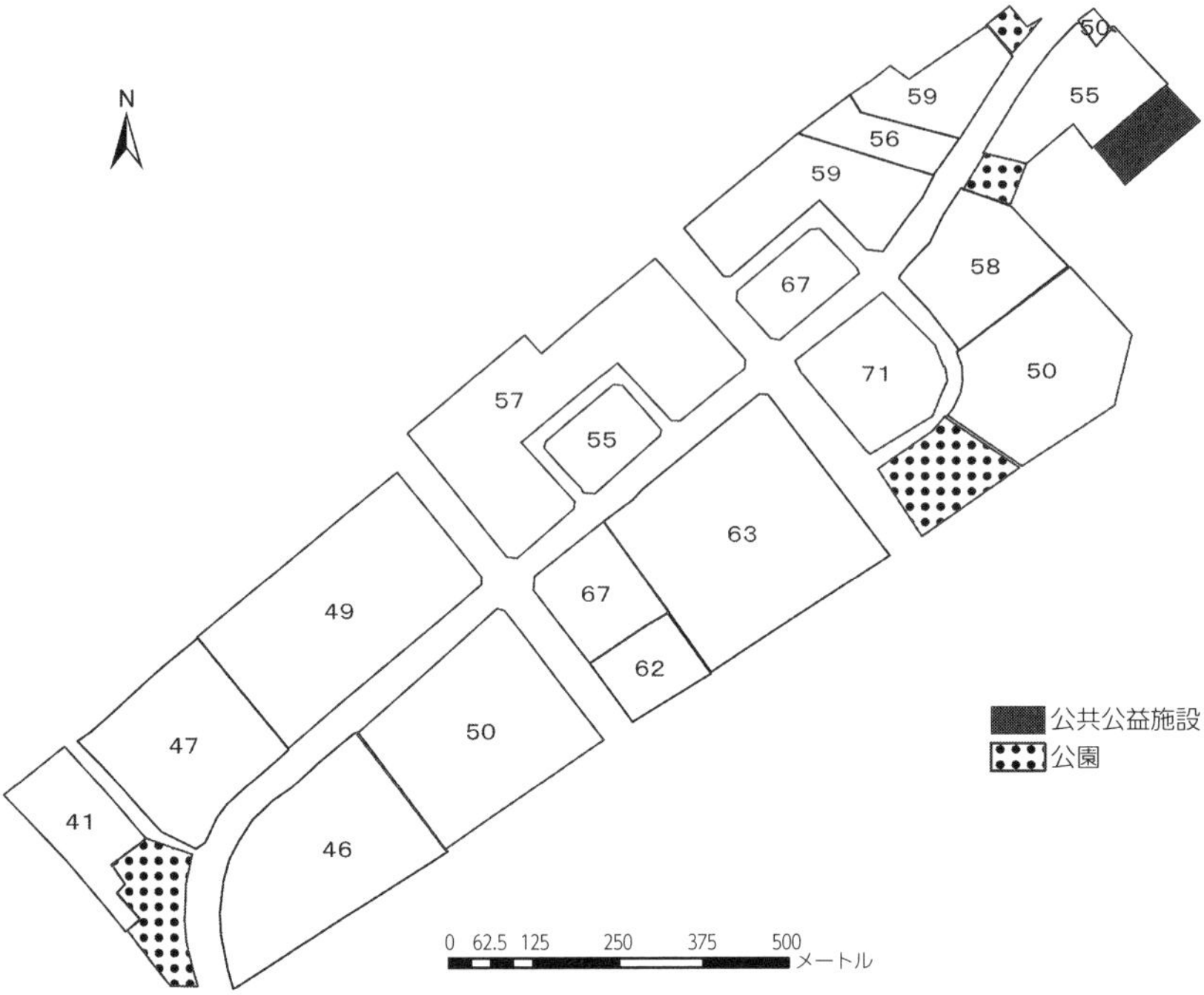


資料：東京都市整備局長、港湾局長、中央卸売市場長、東京ガス株式会社取締役社長、ほか民間土地権利者による「換地設計の変更に係わる合意」（2006［平成18］年7月14日）の（別紙1）、（2）より筆者作成。

い。しかし、後ほど詳しく検討するが、そうした約束はなされていない。そして、最終的にほとんど東京都が汚染対策費を負担することで決着をみたのである。〝汚染なし〟という土地評価が、不当であることは明らかである。

また、換地（正確には仮換地）の指定が始まった2004年（平成16年）では、まだ、東京ガスによる汚染対策工事は完了していず、したがって、〝汚染のない土地〟という評価ができるような状況ではなかったという点も合わせて確認しておきたい。*8

図表1-12　換地によってもたらされた東京ガスの不当利得

| | 施行前 | | 施行後 | | 差　額 | 減歩率 | (b)／(a) |
|---|---|---|---|---|---|---|---|
| | 地　積 (ha) | 価額(a) (億円) | 地　積 (ha) | 価額(b) (億円) | (億円) | (%) | |
| 東京ガス | 49.7 | 1,224 | 31.8 | 1,743 | 519 | 36.0 | 1.42 |
| (東京ガス過大評価額) | | (780) | | (1,108) | | | 1.42 |
| 東京電力 | 15.0 | 432 | 11.1 | 616 | 184 | 26.4 | 1.43 |
| 東京鐵鋼埠頭 | 8.5 | 226 | 6.4 | 323 | 97 | 25.4 | 1.43 |
| 東京都 | 14.4 | 432 | 12.7 | 615 | 183 | 11.7 | 1.42 |

注：東京ガス過大評価額の求め方については、文中参照。(　) は内数。
資料：図表1-10に同じ。

## 換地による東京ガスの不当利得を試算する

東京ガスはいかにして、換地によって利益を得ることができたのか。それは、東京ガスが、本来、汚染原因者負担の原則により負担すべき汚染対策工事費のほとんどを、東京都に肩代わりさせたにもかかわらず、東京ガスの土地が〝汚染なし〟とみなされ、土地評価のいわば水増しがなされたことによる。では、このことにより、東京ガスは、どのようにして、どれだけの利益を得たのか、従来の区画整理の考え方に従って試算してみよう。それを示したのが、図表1-12である。先に紹介した図表1-10に1行、付け足したものである。図表1-10は、過大な土地評価をベースにした換地の結果を示したものであるが、付け足した1行は、その過大評価分を取り出したものである。

東京ガスは元の所有地価額1224億円に対し、1743億円の換地をうけている。〝汚染なし〟という評価がなされたためである。しかし——実際に汚染がなくなったかどうか、いまは問わない——これは基本的に東京都が858

億円（２０１6年9月時点）かけて汚染対策工事をおこなったことによる。内、東京ガスが負担した汚染対策工事費は、78億円にすぎない。したがって、元の所有地の価額は、８５8億円－78億円＝７８０億円だけ、過大評価されたことになるわけだ。これは、実際の評価額の64％をしめる。この過大評価分によって、東京ガスは、水増しされた換地の価額は、７８０億円×１・42＝１１０８億円。つまり、この価額分だけ、東京ガスは、不当に利益を得た計算になるのである。東京ガスは、単純に、汚染原因者負担をまぬがれた分だけ不当利得を得たのではなく、実は、その額は、サボタージュした汚染原因者負担額の１・42倍にも達するのである。[*9]

なお、東京ガスは、換地の約3分の1を、東京都に売却し、残りを自社資産として保有することになる。したがって、不当利得の約3分の1は売買を通じて現金化され、残りは資産のかたちで保有されることになるわけだ。

## 4　区画整理でベールをかけられた汚染処理費用負担問題

### 汚染原因者と土地譲渡者が切り離される

汚染処理費用の負担は原因者負担が原則である。したがって、豊洲市場用地の汚染費用負担者は、東京ガスに他ならない。もし、市場用地のすべてが東京ガスの所有地であるならば、話はきわめて単純である。東京都（中央卸売市場）が、東京ガスから用地を購入する際、売買契約に盛り込むことによって、直接汚染処理費用の負担を約束させることができるからだ。
たとえば、次のような契約条項を入れるのだ。

第11条　乙は、乙の負担により、引渡日までに、「都民の健康と安全を確保する環境に関する条例（平成12［2000］年東京都条例第215号。以下「環境確保条例」という。）に基づく土壌調査（以下「土壌調査」という。）を実施する。

2　土壌調査の結果、調査日時点における環境確保条例により規制基準が定められている物質が、その基準を超えて検出された場合には、乙は、東京都環境局及び江東区並びに甲と協議のうえ、環境確保条例に従い、汚染土壌対策（以下「土壌対策」という。）の計画を策定し、かつ、引渡日までにこれを実施するとともに、その費用を負担するものとする。

3　乙は、土壌調査の結果及び土壌対策の実施結果について記録を作成し、引渡日までに甲に提出しなければならない。

第15条　甲は、この土地に危険物の埋蔵その他の隠れたる瑕疵《かし》があったときは、乙に対し損害の賠償を請求することができる。

（「東京都と東京鐵鋼埠頭の土地売買契約書」平成16［2004］年5月26日）

このように、汚染対策の基準と費用負担について、明確に売買契約書の中でうたうのが、通常のか

## 図表1－13　豊洲市場の用地取得状況

東京都中央卸売市場による豊洲市場の用地取得状況（2016［平成28］年10月2日）

（単位：億円）

| 年度 | 通称 | 所在 | 取得先 | 面積（ha） | 金額 | 年度別支出額 | 取得単価（万円／$m^2$） |
|---|---|---|---|---|---|---|---|
| 16年度 | 鉄鋼埠頭① | 7街区 | 東京鐵鋼埠頭㈱ | 3.60 | 83 | 83 | 33.1 |
| 17年度 | | | | | 36 | 270 | |
| | 保留地① | 5街区 | 都市整備局 | 3.80 | 234 | | 61.6 |
| 18年度 | 保留地② | 5街区 | 都市整備局 | 3.44 | 216 | 367 | 62.8 |
| | 鉄鋼埠頭② | 7街区 | 東京鐵鋼埠頭㈱ | 2.94 | 151 | | 51.4 |
| 22年度 | 港湾局 | 5、6、7街区 | 港湾局 | 12.74 | 585 | 1,120 | 45.9 |
| | 東京ガス | 6街区 | 東京ガス㈱ | 0.65 | 29 | | 44.6 |
| | 豊洲開発 | 5、6街区 | 東京ガス豊洲開発㈱ | 9.88 | 506 | | 51.2 |
| 23年度 | 東京電力 | 5街区 | 東京電力㈱ | 0.25 | 17 | 19 | 68.0 |
| | 財務省 | 5街区 | 財務省 | 0.02 | 2 | | 100.0 |
| 計 | | | | 37.32 | 1859 | | 49.8 |

原注：鉄鋼埠頭①は平成16［2004］年度に土地売買契約書を締結しているが、支払いの一部は平成17［2005］年度に行っている。

資料：東京都資料。文中での「東京ガス」は本表の東京ガス＋東京ガス豊洲開発の分。

たちであろう。

しかし、区画整理が絡むと、事態は一気に、複雑になり、売買契約を通じて、汚染原因者負担について具体的な取り決めをすることはむずかしくなる。市場用地には、東京ガスのみでなく、他の権利者の土地が、換地によって移されることになる。そのため、東京都は、東京ガス以外の権利者からも購入しなければならなくなる。

実際、東京都は、図表1－13に示されているように、東京ガスのほか、東京鐵鋼埠頭、東京電力、東京都港湾局、さらに保留地の管理者である東京都都市整備局からも購入している。これらの権利者は、汚染原因者ではない。つまり、区画整理がかかわると、土地の譲渡者と汚染原因者が切り離されてしまうのだ。汚染原因者は背後に隠れてしまうと、言いかえてもよいだろう。東京ガス以外の権利者の土地については、汚染対策費の負担を求めることができないかのような錯覚にさえおちいってしまう。もちろん、東京ガスの換地を含め、市場用地のすべての土地について、汚染対策費の負担がもとめられなければならない。しかし、東京ガス以外、土地譲渡者と汚染原因者が一致しないことから、汚染用地を買い取る際、売買契約を通じて、汚染原因者である東京ガスから、汚染対策工事費の負担を求めることはできなくなる。先に紹介した東京鐵鋼埠頭との契約書では、土壌汚染対策の履行を求めているが、それは、あくまで東京鐵鋼埠頭の土壌汚染についてであって、最大の汚染原因者である東京ガスのそれではない。東京ガスに、汚染原因者負担を約束させるには、結局、売買契約の外部で取り決めをせざるをえなくなる。たとえば、「東京都と東京ガスの合意」といった文書をとりかわすのである。

しかし、そうしたかたちをとるや、財産価格審議会における適正価格の評定において、汚染対策の問題は、容易にスルーされてしまうことになる。適正価格を決めるには、こうした「合意」に立ち戻り、どのように原因者負担が約束されているかをチェックしなければならないはずである。しかし、財産価格審議会では、「別途協議」に委ねられているということで、考慮されず、「汚染なし」という条件の下で、適正価格と判定されているのが実情である。

以下、具体的にみてみよう。

## 負担は別途協議で汚染なしの土地評価

都が不動産等の売買・賃貸をおこなう場合には、通常、財産価格審議会にかけられ、その価格が適正か否かが判断される。豊洲新市場用地の取得では、すでに図表1‐13に示したように、七つの取得先から用地を購入しているが、東京都（港湾局）を除き、すべて、財産価格審議会にかけられている。そして、「土壌汚染については評価上考慮外とする」という条件付きで付議され、その条件の下で、取得予定価格を適正と判定されている。

しかし、「考慮外」とできる根拠はどこにあるのか。たとえば、「中央卸売市場築地市場の移転予定地の取得に係る一連の財務会計行為を違法・不当として都が被った損害を都知事に請求するよう求める住民監査請求の監査結果について」（２０１２〔平成24〕年４月27日）で紹介されている。中央卸売市場は次のような説明している。

「土地価格における土壌汚染の取扱いについては、本件各土地は土地区画整理事業の施行地区であり、従前の地権者が必要な処理対策を実施することとし、対策費用の負担については、都と従前地権者である東京ガス等とで協議の上別途解決を図ることとしていた……このことから、土地の評価にあたっては、土壌汚染を考慮外としたものであり、土地価格として適正である」。

「別途協議」、「別途解決」、それが土壌汚染を「考慮外」とできる根拠のすべてであるのだ。しかし、ここで問題になるのは、当局は「別途協議」で、約束された汚染対策が、土地評価において、土壌汚染を「考慮外」にできる内容であることを財政価格審議会に対しどのように説明したのか、という点である。

たとえば、伊藤ゆう都議は、この点について、２０１０［平成22］年11月の経済・港湾委員会で、次のように質問している。

「財価審［財産価格審議会］にかけられた議案並びに残っている議事録を請求させていただいて、手元にいただきました……見ると、確かに地下埋設物のことは書いていますけれども、土壌汚染問題については全く触れられていませんでした。なぜなかったのでしょうか。その答えは、実は評価条件というところにありました。財価審には、購入予定地の地図のほかに、評価上の留意点をまとめた評価条件などが記載された議案書が配布されます。……実際にどういうものが財価審のメンバーの方に配られるかといえば、こういう議案書があって、その議案書をめくっていきますと、土壌汚染についての評価条件、あるいは土壌汚染の有無というところがあって、非常に小さく書かれていますけれども、こういう三行書きがなされている。これについてどう書かれていたのか、まずご答弁をお願いします」。

これに対し、志村昌孝新市場事業推進担当部長は、次のように答えている。

「財産価格審議会議案書の評価条件欄、こちらには土壌汚染に関する記述はございませんが、先ほど、理事、ご提示ございました、本件取得用地の評価を積算した評価表の欄外に、土壌汚染の有無との項目を置きまして、ここには、土壌汚染調査の結果、土壌汚染対策法に定める汚染物質……の存在が判明した、しかし、土壌汚染対策については、豊洲地区開発整備に係る合意に当たっての確認事項により、従前の所有者が処理対策を実施することとなっている、本件地については、従前の所有者である東京ガス株式会社が、平成十八年三月までに汚染物質を掘削除去することとなっているため、評価に当たって土壌汚染対策に係る要因は考慮外としたと記されてございます」（２０１０〔平成22〕年11月16日「経済・港湾委員会速記録第十八号」）。

つまり、汚染物質があることがわかったが、「豊洲地区開発整備に係る合意に当たっての確認事項」にしたがって、２００６〔平成18〕年までに、東京ガスが汚染除去することになっているため、汚染はないものとして評価した。それを「評価条件欄」ではなく、「評価表の欄外」に記すことで、審議会委員に伝えた、というわけである。審議の俎上に上るのをさけているといわれてもしかたのない取り扱いである。「合意書」等の写しが、財産価格審議委員に配られることもなかったようである。審議委員は、当局の説明をうのみにして、評価を下したにすぎないというのが実態であったのではないか。

## 財産価格審議会にもかからない都有地の仮換地売買

みてきたように、財産価格審議会での、評定はきわめておざなりなものになっているが、東京都（卸市場）と東京都（港湾局）間における売買にいたっては、この審議会にさえ、かけられていないのだ。買い手・売り手、いずれも東京都であり、売買といっても、実態は、都有財産の所管換にすぎない。所管換の場合は、審議会にかけられないという特則がもうけられているからである。[*10]

実際、東京都は所管換であるとして、審議会にかけなかった。この点については、筆者が直接、卸市場に問い合わせ、確認したところである。

さらにいえば、同じ論理で、監査請求の審査対象からもはずされている。すなわち、「中央卸売市場築地市場の移転予定地の取得に係る平成22［2010］年度並びに平成23年度の契約の締結及び費用の支出のうち、港湾局からの有償所管換に係る部分は、都内部における財産の異動にすぎず、都に損害は生じていないものと認められる」（前掲「住民監査請求の監査結果について」）というわけだ。

つまり、汚染地に換地された東京都の土地の売買価格、その前提となる、東京ガスによる汚染除去費用の負担のありかたが、はたして適正であるか否かが、東京都の行政裁量判断のみで売買されたことになる。

## 5　東京ガスは汚染原因者負担の責任を果たしたか

これまで東京都は、汚染処理については、東京ガスとの合意、確認がなされていることを根拠に、「汚染はないもの」という条件を付け、財産価格審議会にはかり、「適正価格」という評定をうけてきた。しかし、東京ガスが、東京都に約束した汚染処理は、汚染原因者負担の責任を全うするものとはとうていいえない。以下みてみよう。

## 平成14年、17年「確認」では、土壌汚染対策はどこまで約束されていたか

土対法にもとづく新しい不動産鑑定基準によれば、汚染地の価値は、汚染がない場合の価値（正常価格）から、浄化費用および心理的嫌悪感等をさしひいたものとして評価される。いいかえれば、汚染地が、汚染がないとした評価が得られるのは、汚染除去が売り手の負担においておこなわれることが確実な場合だけである。

これまで、3回にわたって、東京ガス等各地権者との合意ないし確認がなされているが、それらはほんとうに、汚染原因者負担の原則にしたがって汚染除去の実行を確実に約束したものになっているのか。

最初に結ばれたのが、東京ガスとの「平成14（2002）年7月31日豊洲地区開発整備に係る合意」（以下、「14年合意」）、同じ日付の各地権者との「『豊洲地区開発整備に係る合意』に当たっての確認」（以下、「14年確認」）である。

「14年合意」では、汚染土壌対策については、「都民の健康と安全を確保する環境に関する条例（環境確保条例）」（平成13［2001］年3月）にもとづき対応をおこなうことが約束され、「14年確認」では、「各地権者は、条例に基づき従前の所有地に対して、責任を持って土壌汚染に関わる調査を行う。調査の結果、汚染が判明した場合には、必要な処理対策を実施し、措置完了の届け出を行い、従後の地権者に記録の承継を行う」ことが確認されている。

しかし、ここでいう土壌汚染調査は、30mメッシュ、3～8mの深さの土壌を対象にしたものであ

り、きわめて荒っぽいものである。ちなみに、土対法では、10ｍメッシュ、深さ10ｍの調査が義務づけられている。しかも、一級建築士の水谷和子氏が注意を促しているように、約束されている「必要な処理対策」とは、「拡散防止対策」に過ぎず、汚染除去ではない（中澤誠・水谷和子・宇都宮健児『築地移転の闇をひらく』大月書店、２０１６年）。調査も処理もきわめてずさん、「汚染なし」といえる水準からは、ほど遠い汚染処理なのである。

平成15［２００３］年2月の土対法施行にともなって、環境確保条例指針が改訂されたことから、平成17［２００５］年5月31日、あらたに、東京ガスと「豊洲地区用地の土壌処理に関する確認書」（以下、「17年確認」）が交わされる。それは「14年確認」にもとづく対策に加え、新たな処理基準を踏まえた対策を約束するものである。すなわち「（環境確保条例）第１１７条に基づき平成14年11月に東京都あて提出した汚染拡散防止計画書に記載する計画を実施することに加え、次の対策を講じる。

条例施行規則別表第12に規定する汚染土壌処理基準（以下「処理基準」という）を超える操業由来の汚染土壌については、道路（幹線街路及び補助線街路）の区域の下となる箇所及びＡＰ＋２ｍ[*11]より下部に存するものを除き、除去するか又は原位置での浄化等により処理基準以下となる対策を行う。また、土壌処理に伴って掘削した土壌については、埋立由来の汚染についても適切に処理を行う」。また、こうした処理を「土地区画整理事業により仮換地として整理後の地権者に引き渡され又は保留地として処分される時までに責任をもって実施する」というものであった。

これによってはじめて、汚染処理対策の内容が示されたとはいえ、決して、十分なものではなかった。依然、「14年確認」にもとづく、あらっぽい調査をベースにした対策であるからである。この点について、曽根はじめ都議は、「不十分な調査からは不十分な対策しか生まれません。法にのっとった調査が実施されていないのに、よく安全性に問題がないといえるものです」（２００７年2月22日、都議会予算特別委員会）と批判している。

実際、この汚染処理が完了した翌年の２００８年5月、きわめて深刻な汚染実態が明らかになるのである。

「汚染なし」という条件で、土地の適正価格が決められるためには、汚染原因者負担の原則にのっとり、確実に土壌汚染の除去をおこなうことが約束されていなければならない。それには、このように汚染処理後、新たな汚染が発見された場合、東京ガスの責任において、追加処理をおこなうという契約がなされていることが絶対必要条件である。いわゆる瑕疵担保責任である。決定的なポイントは、ここにある。

しかし、「14年確認」「17年確認」をていねいに読んでみればわかることだが、いずれも、「内容に疑義が生じた場合は、誠意を持って協議する」と記されているにすぎず、追加処理は約束されていない。それにもかかわらず、当初、東京ガス用地の購入にあたった東京都中央卸売市場側は、「東京ガスの操業に基づく汚染物質が発見された場合については、東京ガスが処理をするという了解は得ている（２００６年10月）」（『赤旗』２０１４年11月8日）と都議会に説明、各種委員会でもくりかえしている。たとえば、平成19［２００７］年6月21日の経済・港湾委員会では、「東京都がこれから行う追加調査で新たに土壌汚染が見つかった場合、その処理についてはだれが行い、そしてまた、その費用はだれが負担するのか」という大沢昇都議の質問に対し、新市場建設調整担当部長は、「東京ガス株式会社との間で、処理基準を超える操業由来の汚染土壌について、同社が適切に処理を行うという内容の確認書を取り交わしております」と答えている。ちなみに、この回答をうけ、大沢都議は、「わかりました。それでは、新たに土壌汚染が発生したということは、しっかりと法的にも東京ガスが費用の負担や、その除去を行うことが明確にされているということで安心したわけでございます」と述べている。財産価格審議会に対しても、あたかも約束されてきたかのような説明をよそおい、「適正価格」という評定をうけたてきたのだ。

なお、14年と17年の「確認」は、その形式面からも、法的実効力の乏しいものであったことが、見落とされてはならない。いずれも、副都知事と副社長レベル、あるいはそれ以下の約束であり、トップ同士の正式の契約ではなかった。また、売買契約書に、この「確認」が明記されることもなかったのである。

## 78億円の追加負担で強引に決着——23年「確認」

東京ガスから汚染処理完了届けが出された平成19年（2007）の翌年、新市場用地で、深刻な汚染が発覚するにおよび、この追加処理費用の負担問題が大きな争点として浮上する。東京都が設置した専門家会議による土壌汚染調査の結果、「表層土壌から環境基準の4万3000倍のベンゼン、86

0倍のシアンが、地下水からは1万倍のベンゼン、130倍のシアンが検出された。表層土壌と地下水の検査では、実に全調査地点の36%に当たる1475カ所で環境基準を超え、地下水の汚染は、豊洲の新市場全体の4分の1に及んでいたことが判明するのだ」(一ノ宮美成+グループ・K21『2020年東京五輪の黒いカネ』宝島社、2014年)。

そこで、これまでの「合意」にしたがって、協議がなされ、「豊洲地区用地の土壌汚染対策の費用負担に関する協定書(以下「23年協定書」)」、及び「『豊洲地区用地の土壌汚染対策の費用負担に関する協定書』についての確認(以下「23年確認」)」(平成23[2011]年3月31日)が、取り交わされる。図表1-14にみるように、「協定書」に記名押印しているのは、石原都知事と東京瓦斯株式会社代表取締役ならびに東京ガス豊洲開発株式会社代表取締役だ。ここにきて、はじめて東京都と東京ガスのトップ同士による、正式の協定がむすばれたわけだ。

しかし、そこに盛り込まれた契約内容は、汚染処理負担について、東京都が東京ガスに完全に屈服するものであった。2点が注目されねばならない。

一つは、東京都が実施する汚染処理の費用586億円(2009年時点)の内、東京ガスは、78億円負担するとしたこと(第3条)。東京都の肩代わり負担の確約ともいえるものである。

二つは、第6条の「今後、乙(東京瓦斯株式会社)及び丙(東京ガス豊洲開発株式会社)は対象用地の土壌汚染にかかる費用負担をしないことを確認する」としたこと。これまであいまいにされてきた瑕疵担保責任について、東京都がそれを放棄するかたちで決着されたわけだ。

## なぜ負担逃れを許したのか

では、なぜ、東京都が東京ガスに完全に敗北するかたちで、汚染対策費用の負担問題に決着がつけられることになったのか。それは、いうまでもなく、築地市場の移転を強行するため、豊洲市場の受け入れに消極的な東京ガスから、是が非でも用地を手に入れなければならなかったからにほかならない。はじめから東京ガスが優位に立っていたのだ。

先の2001年の「基本合意」でみたように、東京ガスを懐柔するため、東京都は数々の飴を与えた。汚染処理における、東京ガスへの大幅な譲歩もその一つであった。東京都は、はじめから汚染処理について正式な協定を結ばず、瑕疵担保責任ももとめず、原因者負担の原則をあいまいなままにし続けたのである。

筆者は、情報公開によって、「豊洲地区用地の土壌汚染対策費の費用負担に関する協定書（平成23［2011］年3月31日締結）に至るまでの都と東京ガスの交渉記録（平成10［1998］年9月21日から平成23［2011］年3月25日まで）」を入手した。水面下でなされた東京都と東京ガスの交渉記録だ。

同記録文書にみられるのは、東京ガスが負担の軽減をもとめ東京都に迫っている生々しいやりとりの数々だ。そのいくつかを拾い出し、紹介しておこう。

たとえば、東京都と東京ガスの「基本合意」がなされた翌々年の2003年5月にもたれた会議でのやりとり。

（本協定書の失効）

第５条　本協定書は、甲と乙及び丙間の豊洲新市場予定地内の土地についての土地売買契約（平成 23 年 3 月 31 日付 22 財財管第 717 号及び 22 財財管第 718 号）の全部又はいずれか一方がその履行完了前に解除その他の理由により失効した場合には、本協定書も効力を失う。

（確認）

第６条　甲、乙及び丙は、別紙「豊洲地区用地の開発に関わる経緯」に鑑み、本協定書に定める内容について誠意をもって履行することとし、今後、乙及び丙は対象用地の土壌汚染にかかる費用負担をしないことを確認する。

（協議）

第７条　本協定書に定めのない事項、または本協定書に関して疑義が生じた場合、あるいは社会経済状況等の大幅な変化により本合意内容を見直す必要が生じた場合は、お互いに誠意を持って協議し、解決を図る。

本合意の証として、本協定書を３通作成し、東京都知事、東京瓦斯株式会社代表取締役、東京ガス豊洲開発株式会社代表取締役は、それぞれ記名押印の上、各自１通を所有する。

平成２３年３月３１日

甲　東京都知事　石 原 慎太郎

乙　東京瓦斯株式会社代表取締役　岡 本 毅 [redacted]

丙　東京ガス豊洲開発株式会社代表取締役　柳 澤 道 [redacted]

図表1－14　東京都と東京ガスによる協定書

豊洲地区用地の土壌汚染対策の費用負担に関する協定書

東京都（以下「甲」という。）、東京瓦斯株式会社（以下「乙」という。）及び東京ガス豊洲開発株式会社（以下「丙」という。）は、別紙に示す「豊洲地区用地の開発に関わる経緯」を確認した上で、東京都市計画事業豊洲土地区画整理事業（以下「区画整理事業」という。）施行区域内の豊洲新市場予定地において、今般甲が実施する土壌汚染対策における乙及び丙の費用負担について、次のとおり合意する。

（目的）

第１条　甲、乙及び丙は、第２条で定める対象用地における甲と乙及び丙の間における豊洲地区用地の土壌汚染に起因する一切の問題を解決することを目的として、今般甲が実施する土壌汚染対策について、乙及び丙が費用の一部を負担することとし、その内容を本協定書で定める。

（対象用地）

第２条　本協定書の対象用地は、区画整理事業施行区域内の豊洲新市場予定地及び補助第315号線高架下とする。

（費用負担額）

第３条　甲が実施する土壌汚染対策に要する費用のうち、乙及び丙が負担する額を次のとおり確定する。

乙の負担額　　　　金２４０，０００，０００円

丙の負担額　　　金７，５６０，０００，０００円

２　費用負担対象となる土量に変動が生じた場合においても、甲、乙及び丙は異議を申し立てず、費用負担額の増減を行わない。

（支払時期及び方法）

第４条　第３条に定める費用負担額の支払いは、乙及び丙が豊洲新市場予定地内に所有する土地について、それぞれ甲と締結する土地売買契約に定める土地代金から控除する方法による。

東京都が、「環境基準超・10倍以下の39箇所の事前処理不要との確認を行なった経緯はない。39箇所を個別に精査した結果、道路下用地等を除き26箇所となった……浅い位置に汚染がある箇所に限定したので、箇所減に比べ負担はかなり減ると思う」と主張したのに対し、東京ガスは、「平成13［2001］年7月の二者間合意（基本合意の内容を都と東ガスで確認したもの）で、土壌汚染処理対策は今の計画で良い旨確認しているし、当時の局長や部長も了解しているはずだ。だからこそ、東ガスは売買に応じた」「都が財政難であることは理解しているが、だからといって何故東京ガスだけが費用を負担しなければならないのか。作業等への協力は可能であるが、東京ガスとしては新たな処理費用を負担するつもりはなく、費用は中央市場に負担していただきたい」「26箇所の事前処理という提案は、これまでの経緯から考えてとても飲める内容ではない」と反論している。

また、平成23［2011］年に入ると、交渉の焦点は、土壌汚染対策の費用負担に関する協定の締結に向け、瑕疵担保責任と東京ガスの追加負担の問題に移る。

たとえば、平成23［2011］年1月の会議では、「東京ガス：瑠疵担保責任について議会で追及されているが、契約書に書かなくて平気か」「東京都：悩ましいところではある。書くのであれば、形式的な形で書きたい」といったやりとりがなされている。

また、同年2月の会議では、追加負担額をめぐって、東京ガスから、「弊社としても、以前も100億かけて土対工事をしたのに、また100億もかけるとなると、『何やってんだ』と突っ込まれる。歩み寄るとこういう整理ができるという案をお互いで作りましょう」「こちらで査定すると、61・4億円となり、17・3％割増すと72億円となる。会社からはこの額で頑張ってこいと言われている」といった発言がなされている。

さらに、3月の会議では、割増し（追加負担額）について、東京都は「表に出れば、なんで78億円なのか、なんでこの時期なのか、なんで設計が固まってからでないのかという議論になりかねない。一方で、東京ガスにも影響を与えかねないのではないかと懸念している。よって、割増しを前面に出すことは避けたい」と述べている。

以上、交渉記録から、東京都と東京ガス間のいくつかのやりとりを紹介したが、そこからだけでも、交渉が、東京ガスの負担をいかに軽くするかを軸にくりひろげられていたことがよみとれる。汚染源者負担の原則、食の安全をいかに守るかという問題意識は皆無である。汚染対策問題は、東京都と東京ガスの単なる政治的取引として決着させられたのである。

## 6　東京都にとってもうまい話

### 都有地購入が臨海開発会計を潤す

先の、〝東京都港湾局用地と東京ガス所有地の交換〟の話にもどろう。これは、東京都が東京ガスに一方的に利益を与え、逆に東京都はその犠牲になることは明らかだ。なぜ、東京都はこんなばかげた換地をしたのか。清水ひで子都議は、中央卸売市場移転にかかわる特別委員会で、次のように質問している。

「市場が東京ガスの土地を購入すればいいことでしょう。それをしないで、わざわざ港湾局と交換してから市場が購入する。おかしくありませんか。だって、東京ガスの用地なんだから、市場がここをそのまま買えばいいじゃないですか。それをなぜ、わざわざこうやって換地をして、市場が買わなきゃいけないんですか」。

また、清水都議は続けて、「臨海会計は、代表質問でもいたしましたけれども、二十一年度、二十二年度、企業債およそ二千四百億円を臨海会計で返済する必要があります。来年度は千三百四十一億円。内部留保金、手持ち資金はおよそ千四百億ほどだといわれています。この不景気で、土地の買い手がないもとで、臨海会計は火の車ではないかなというふうに思います。豊洲の売却益は棚からぼたもちだといわれても仕方ありません」（第18期　中央卸売市場築地市場の移転再整備に関する特別委員会での質疑、２００９年12月18日）と。大幅な赤字に悩む臨海地域開発事業会計の改善に直結するという指摘だ。このケースの場合、臨海地域開発会計の改善に、主要な目的があったかどうかは別として、清水都議が述べているように、東京都にとっても妙味のある方法であったことは、見落とされてはならない。

## からくりは？

そのからくりを説明すると次のようになる。豊洲新市場用地を購入するのは、中央卸売市場としての東京都である。その譲渡者は、東京ガスではなく、東京都港湾局である。港湾局が得た売却代金は、同局が所管する臨海地域開発事業会計に繰り入れられる。だから、臨海会計の改善がはかられることになるのだ。

こうしたからくりを成り立たせているのが、区画整理の換地手法にほかならない。港湾局用地の位置が元のままだと、市場用地として買うことはできない。換地によって、市場用地に移すことができてはじめて、港湾局は、その用地を中央卸売市場に売ることができたからだ。

さきほど、東京都中央卸売市場と東京都港湾局との土地売買は、事実上所管換にすぎないことから、財産価格審議会にかけられないことをみた。しかし、その売買が、臨海会計の改善につながるのであれば、売買価格が適正であるかをチェックする必要はない。むしろ、価格が高ければ、高いほど、臨海会計の改善につながるからである。

## 7　ツケは築地商業者と都民の肩に

### とどめなく膨張する新市場整備費

先に述べたように、開発者負担の見直し等で、東京ガスや東京電力など、区画整理に参加する大企業の負担は著しく軽減されてきた。また、東京ガスは汚染原因者負担の義務をほとんど免れ、汚染処理費の大半は東京都（市場）が背負うかたちになった。にもかかわらず、汚染がないという土地評価で、元東京ガス所有地を高い値段で買い取ったため、その分、東京ガスは利得を得、他方、東京都に

図表1－15　豊洲新市場整備費の推移

（単位：億円）

| 項　目 | 2011年2月 | 2013年1月 | 2015年3月 | 2016年9月 |
|---|---|---|---|---|
| 建　設　費 | 990 | 1,532 | 2,752 | 2,747 |
| 土壌汚染対策費 | 586 | 672 | 849 | 858 |
| その他関連工事費 | 370 | 436 | 424 | 420 |
| 用地取得費 | 1,980 | 1,860 | 1,859 | 1,859 |
| 合　計 | 3,926 | 4,500 | 5,884 | 5,884 |

注：この表には記載していないが、2016年9月の整備費には、企業債利息370億円が計上されている。

資料：『しんぶん赤旗』2015年3月19日、同、2016年10月1日より筆者作成。

は、割高の買い物となった。東京都は、東京ガスの汚染対策費の肩代わり負担、それと同額の割高土地購入という、二重の公金不当支出をおこなったのである。

汚染処理工事そのもの、さらに市場施設の建設工事も、大手ゼネコンによる談合疑惑が暴かれた。汚染された土壌の上に、豊洲新市場という、もう一つの汚染物が積み上げられた格好である。相次ぐ追加工事も大手ゼネコンのふところを潤し続けたにちがいない。かくして、図表に示すように、新市場整備費の膨張は止まるところを知らない（図表1－15）。2011年時点の試算と比べて、建設費は990億円から2747億円と2・8倍に高騰し、土壌汚染対策費も586億円から858億円と約1・5倍に膨れ上がっている。新市場整備費の総額は返済利息分を含めると、当初の3926億円から6254億円まで、2328億円も上積みされているのである。なぜ、歯止めなき膨張が続くのか。

## 築地市場用地を売って、新市場整備費にあてる

その答えの鍵は、築地市場用地にある。それを売り払うことで、新

**図表1－16　豊洲新市場移転に必要な経費と財源（2011［平成23］年2月現在）**

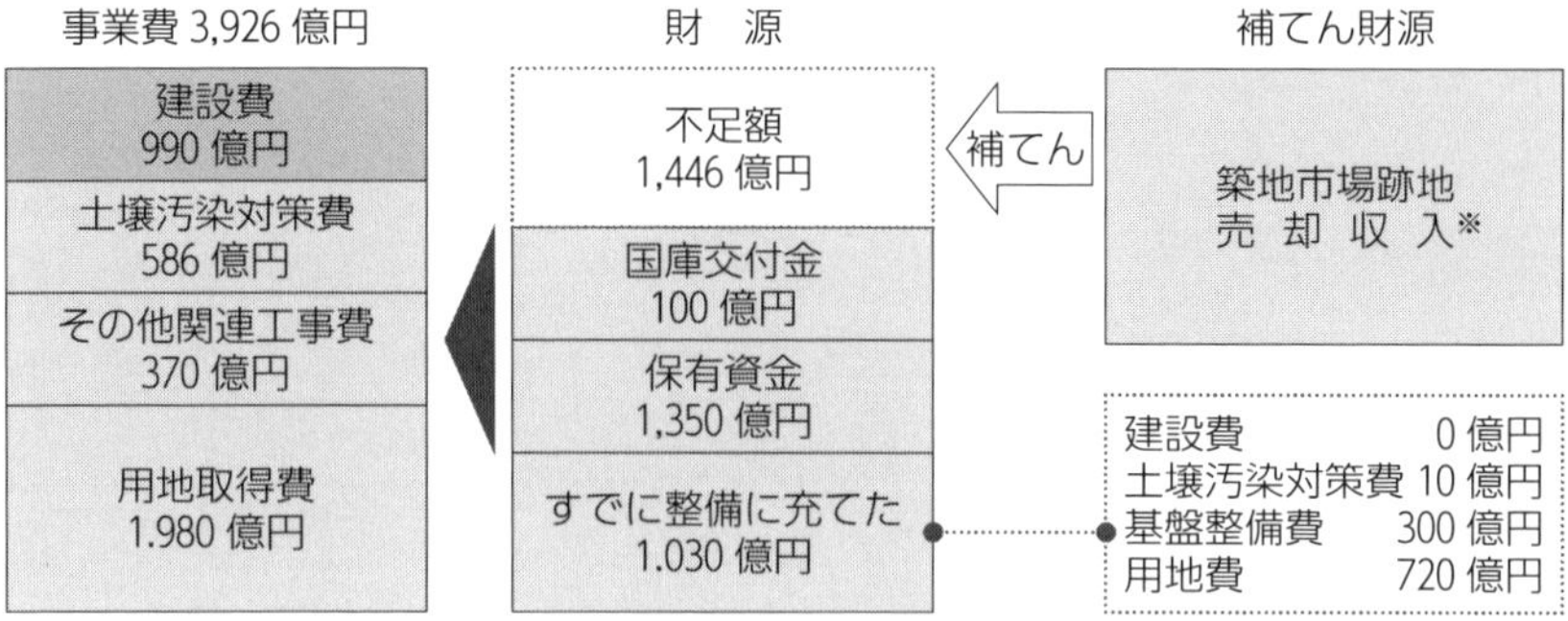


※築地市場跡地売却収入…平成22年1月1日現在の近傍地の公示地価等から試算すると3千5百億円強となります。ただし、これはあくまで一定の条件のもとでの試算であり、将来の売却額をしめすものではありません。

注：図中の金額は、すでに整備に充てたものを除き、見込額です。

資料：東京都中央卸売市場 HP（http://www.shijou.metro.tokyo.jp/toyosu/faq/05/）

市場整備費はまかなえると踏んでいたからだ。それを裏付けるのが、中央卸売市場のホームページに掲げられている図表1－16である。築地市場跡地を売却すれば、3500億円の収入が舞い込む。財源不足分を補ってなお、2000億円ほどのおつりがくるというわけだ。

しかし、いまや当初の見込み事業費をはるかに上回り、不足する財源は3774億円。売却価格が変わらないとすれば、土地売却によって、全事業費をまかなうという目論見は崩れてしまいかねない。

しかし、東京ドーム約5個分、23haという広大な築地市場跡地は、日本プロジェクト産業協議会（JAPIC）がいうように、「今後滅多に発生しない都心の一等地」であり、多くの資本が虎視眈々とねらっている場所である。今後、値上がりすることがあっても値崩れすることはない、と東京都はふんでいるのだろう。

東京都は、かつて、跡地利用について森ビルに委託調査したことがあるが、同社は、「築地市場移転後の用地開発に係わる調査委託報告書」（２０１２年３月）で、オフィス中心型、複合型、住宅中心型等に分け、開発構想を提案している（『しんぶん赤旗』２０１６年９月１日）。金融情報会社ブルームバーグは、２０１４年８月19日付の記事で、「ラスベガス歓楽街最大のカジノ運営企業、米ＭＧＭリゾーツ・インターナショナルは、移転を予定している東京都築地の中央卸売市場の跡地をカジノ建設候補地の一つとして検討している」と伝えている（https://www.bloomberg.co.jp/news/articles/2014-08-19/NAC3ZN6JTSEG01）。最近では、『スポーツ報知』（２０１６年１月６日）が、複数の大手不動産会社によって、すでに、スタジアムとショッピングモールなどの商業施設の併設の計画案が策定されていると報じている。また、『東京新聞』（２０１６年７月28日）も、「築地市場跡地百花繚乱《ひゃっかりょうらん》の構想に困惑」という見出しを掲げ、「カジノだけではない。大手不動産会社などが、跡地利用のアイデアを次々と提案している。超高層マンションやホテル、さらには野球やサッカースタジアム、医療施設……。さまざまな構想が飛び交い、まさに百花繚乱の様相だ」と伝えている。

築地市場の商業者を追い出し、その跡地で、さらには新市場整備で大資本が巨額の利益を手に入れる、他方、東京都もその売却によって莫大な財政収入を稼ぎ出す、というのが築地市場移転の構図といえる。

しかし、オリンピック後にまっている不動産市場低迷のリスクをかんがえるとき、高価格の買値がつくことには必ずしも楽観できない。跡地の処分が不調に終わった場合には、その穴埋めは築地商業者の市場使用料の引上げによって、また、都民の税負担によって埋め合わされることになる。３章で紹介する臨海副都心開発の二の舞をふむことになるのである。

（岩見良太郎）

注

1　環境汚染をひきおこす汚染物質の排出者に、汚染によって発生した損害費用をすべて支払わせるという考え方。1972年、経済協力開発機構（OECD）によって提唱された。「汚染者負担原則」「公害発生費用発生者負担の原則」ともよばれ、一般に広く定着している。

2　東京都建設局区画整理部臨海部担当課長・依田俊治、計画係長・朝倉敏「臨海部開発土地区画整理事業――大街区方式土地区画整理事業」（『区画整理』日本土地区画整理協会、1994年11月号）。

3　土地の提供率を表す減歩率は、公共減歩と保留地減歩と2種類がある。公共減歩は公共用地（主に道路用地）のために提供する減歩、保留地減歩は処分して事業費をかせぎ出す保留地に提供する減歩。率はそれぞれ区画整理前の所有地に対する割合。またはその平均。

4　合意文書は、東京都知事本部長、都市計画局長、建設局長、中央卸売市場長、東京ガス等民間地権者の間でかわされた。ちなみに、東京都知事本部長・前川燿男氏は、「退職後に交渉相手だった東京ガスに天下り、都の職務規定に違反しているのではないかと疑問視する声がたえない」（『週刊朝日』2017年2月17日）とされている。現在、練馬区長。

5　防潮護岸整備費444億円という数字は、曽根はじめ都議の、都議会予算特別委員会（2007年2月22日）における次の発言に依拠したものである。「当初案で六百億円、変更された後は四百四十四億円のこの事業費は、市場が二百六億円、一般会計と臨海副都心事業会計が百十九億円ずつ負担することになったんです」。

6　もし、これを区画整理事業として整備すると、筆者の計算では、事業計画で予定されている保留地減歩12・2haに加えて、19・5haの保留地減歩が必要となる。保留地としてとれる面積は21・5ha（同事業計画書）であるから、保留地減歩でまかなうことは可能だ。防潮護岸整備費の、東京都への肩代わりは、少しでも多く、開発利益

（資産価値の増加額）を得たいという、東京ガス等民間地権者の欲得によってもとめられたにすぎないのである。

7　公共団体施行の区画整理でb／aがこれほど高い例は、きわめて少ない。開発者負担が緩和された結果であり、企業の資産増加に公共が手を貸しているのは問題といえよう。なお、b／aの価に若干の差が残されているが、これは、「清算金」の徴収・交付によって、完全に均される。

8　もちろん、東京ガスの負担において、汚染処理が確実になされていないことが判明した段階で、土地評価を修正することは可能である。しかし、その気配はまったくない。区画整理では、土地の評価をチェックするため、3名以上の評価員が選任されるが、まったく機能しなかったといえる。

9　もちろん、この不当利得は、評価上の価額であり、実際に、現金として手にするわけではない。売買された時点ではじめて確定されるのである。しかし、市場用地の購入価額は、この評価額から、大きくはかけ離れていないことをふまえると、これらの数字は、かなり実際の市場土地価額を反映したものであるいえる。

10　「東京都財産価格審議会に付議することを要しないものについて局長が指定する事項について」（最終改正、平成28［2016］年10月14日28交資第1318号）で、「東京都における他会計との所管換等内部処理事務に係る価格又は料金」があげられている。

11　荒川の水位を表わす基準。

# 2 オリンピック村再開発で「公有地たたき売り」

## 1　オリンピック村再開発

２０２０年東京オリンピックめがけて、東京圏ではいっせいにいろいろな開発がうごめいている。半世紀前の第一次東京オリンピック同様、これを機会に大きく国土構造、大都市圏の構造の変革を行い、国土グランドデザイン２０５０の貫徹をめざすという政財界の思惑がみてとれる。

本稿では、そうした大きな状況を視野にいれつつ、２０２０年オリンピックを名目としたさまざまな事業が、じつはオリンピック後をにらんだ「レガシー」――利権構造づくりではないかという問題関心で、オリンピック選手村再開発のでたらめな実態をあばき、疑問を呈するものである（以下「オリンピック村」と記す）。

端的に言って「オリンピック村」がなぜ「再開発」なのか。

図表2－1　中央区晴海五丁目西

国土地理院の地理院地図をもとに作成。

当該の土地・中央区晴海五丁目西再開発は、「オリンピック村」を口実に広大な東京都有地を民間に文字通り二束三文で売り渡す「トンネル」にしかみえないのだ。「のり弁」批判でさっそうと登場した小池百合子東京都知事も、未だこの疑問には答えていない。

「晴海五丁目西地区」なる名前でよばれるこの再開発では、「適正に」「法令にのっとって」広大な都有地を民間デベロッパーに売り渡したとされる。その譲渡価格は、およそ10万円／㎡、東京の銀座からわずか3km、クルマで10分ほどの好立地条件の土地である（図表2－1）。

どうみても周辺地価相場は少なくともその10倍、だから一般の市場価格の10分の1以下でデベロッパーに投げ売りをしたことになる。民間デベロッパーにマンションを建ててもらい、それをさらに「東京オリンピック・パラリンピック競技大会組織委員会」が38億円程度で借り上げ（「大会計画」「立候補ファイル」から)、オリンピックが終わったら「改修」を行い、「マンション」として一般に売り出す計画だ。

しかしわれわれの見立てによれば、これはとうてい「適正に」、「法令にのっとって」売り渡したようにはみえない。

本稿では、この再開発を利用した「からくり」について明らかにし、本来、一般の市場価格なみの価格で譲渡するべきとした、地方自治法第237条2項の定めをじゅうりんするデタラメな「払い下げ」が白昼堂々と行われたものではないかとう疑念を提起する。

これに答えるのは東京都・小池百合子知事、その人である。

## 2 「クレヨンしんちゃん400円」を税金で買った舛添要一都知事の時代

舛添要一都知事が「クレヨンしんちゃん400円」の漫画本購入をはじめ私的費用に政務調査費を流用した疑惑で辞職に追い込まれた。どれもこれも「せこい」の一言のような話だった。しかし筆者は、じつは石原慎太郎氏をはじめ歴代の東京都知事が、4年後東京オリンピックをステップに都政を大きく歪めてきた点こそ見すえなければならないと考えていた。今、東京では特定整備路線なる70年前の都市計画道路が全面復活し、また東京都内で公有地投げ込み再開発が横行している。このオリンピック村再開発事業も、オリンピックがらみで大手企業の巨大な暴利を保障する仕事起こしの象徴的

### 写真２－１　晴海五丁目西地区は広大な更地

出所：2016 年 6 月 10 日、筆者撮影。

### 図表２－２　オリンピック村イメージパース

出所：東京都ホームページ、2016 年より。

な話の一つなのではないのか。

現場である中央区晴海五丁目の西側は、地下鉄大江戸線勝どき駅から徒歩10分程度、周辺は超高層のタワーマンションが数多く建設されているところである。ちょうど中央清掃工場の隣の土地、およそ地区全体で18ha（18万㎡、だいたい奥行き600m×300m程度）の都有地である。まさに交通至便、環状2号線の整備も進み、どこにでも専用の高速バス等ですぐに駆けつけることができる計画だ。ここの整備が始まるまでは広大な更地となっていたところである（写真2－1）。

この都有地を民間業者に売却し、そこにマンション群をつくらせる。50階建て180mのタワーマンション2棟のほかマンション22棟、合計24棟をつくる（図表2－2）。建築敷地13万4000㎡に延床面積69万2000㎡、合計5650室、タワーマンション以外の4000室ほどを民間業者がオリンピック村として賃料38億円程度で賃貸し、オリンピックの後、改修して一般に売り出す。デベロッパー13社が事業協力者として「晴海 smart シティグループ」（代表・三井不動産レジデンシャル）をつくって、受注の準備をし、2016年、正式に11社が特定建築者予定（後述）として収まった。

## 3　都民の財産・都有地を市場価格の10分の1以下で投げ売り

問題は地価が超格安だということだ。高くみても市場価格のおおむね10分の1程度でデベロッパーに売却したのだ。この超格安の譲渡について東京都は、一つに、2020年オリンピック選手村に対

図表2－3　土地の売買時価、公示地価、相続税路線価等の関係

| 地　　価 | 比　率 | 例えば50万円／㎡ |
|---|---|---|
| じっさいの売買時価（不動産市場） | 100％前後 | 50万円／㎡前後 |
| 標準的な時価（不動産鑑定士による鑑定評価［正常価格］）、国土交通省・公示地価、都道府県基準地地価 | 100％ | 50万円／㎡ |
| 国税庁・国税局相続税路線価 | 80％程度 | 40万円／㎡ |
| 市町村・固定資産税路線価 | 70％程度 | 35万円／㎡ |

注：この比率は土地基本法（1989年）施行以降より。

応した建物とする必要があること、二つに、その後に改修するため分譲、賃貸などで資金回収に長期間を要する、この二つの条件で算定した、と説明してきた（２０１６年３月８日東京都議会・予算特別委員会・安井順一技監答弁）。

また２０１６年10月４日都議会第３回定例会でも、「のり弁」批判でさっそうと登場してきた小池百合子都知事は、「選手村の整備に当たりましては、適正に土地価格を算定し、公正な手続きにより民間事業者を公募したと聞いております」と答えている。

ちなみに価格は、１２９億６０００万円、単価およそ10万円／㎡（坪33万円、正確に言うとこれをさらに下回り９万６７５９円／㎡）だった。東京二三区内ではあり得ない格安な価格である。

一般的に役所が使う「公的な市場価格」、「標準的な時価」（公示地価・基準地価）を試算する簡便な方法に、相続税路線価から割返す方法がある（図表２－３・４・５）。同地区の「現在の、開発前」の相続税路線価を80％で割返すと70万～１００万円／㎡である。ここから「開発後、造成後」の地価を推測すれば、これをさらに上回る。

なお東京都が報告している近隣の地価では、中央区晴海五丁目一番四

**図表２−４　晴海五丁目相続税路線価図の中の基準地地価地点、公示地価地点**
**【ちょっと便利な地価の試算方法】**

（図中、単位：千円）

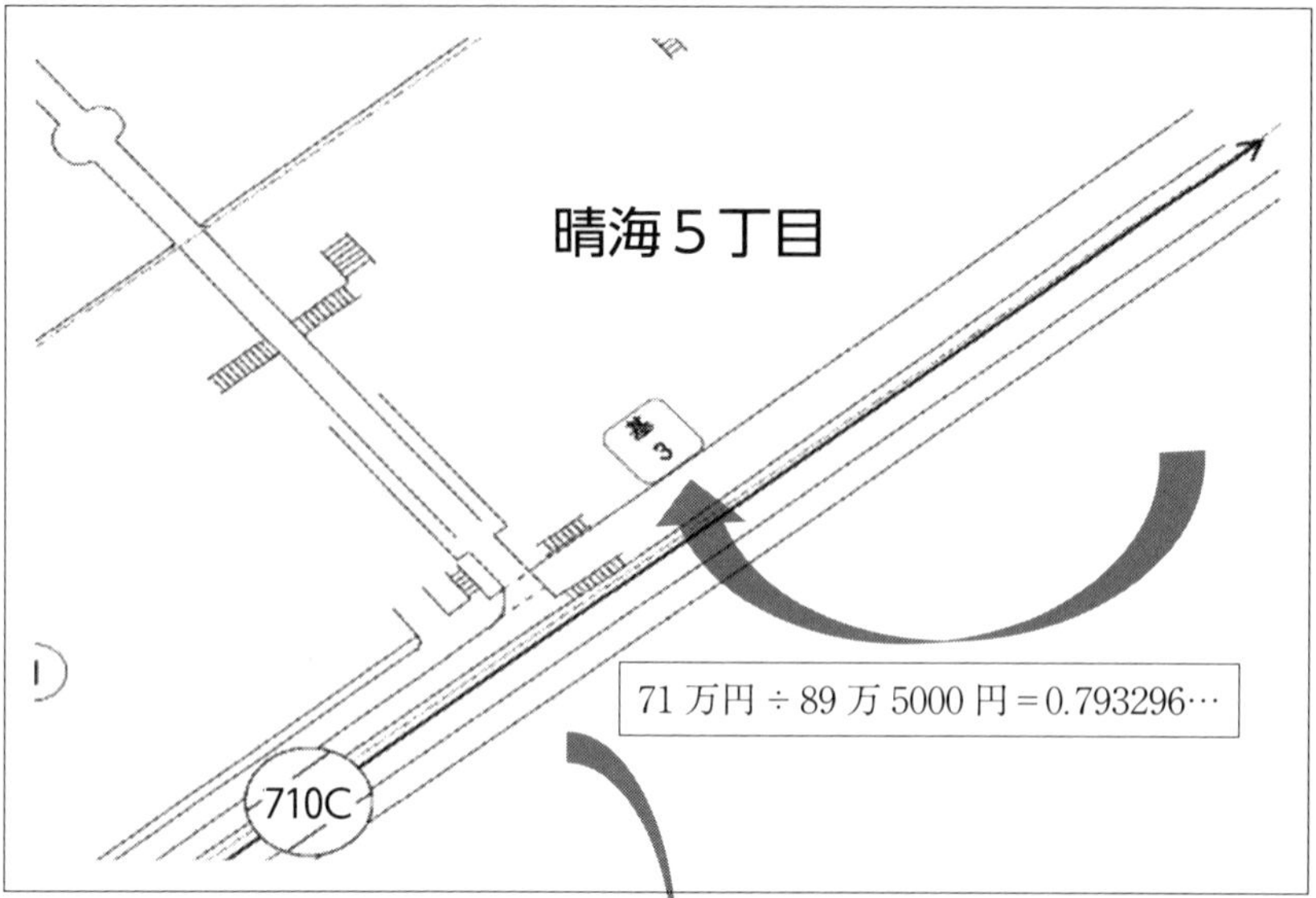


**都道府県地価調査**

| | | | |
|---|---|---|---|
| 基準地番号 | 中央−3 | 調査基準日 | 平成 27 年 7 月 1 日 |
| 所在及び地番 | 東京都中央区晴海五丁目 1 番 4　地図で確認する | | |
| 住居表示 | 晴海 5−1−9 | | |
| 価格（円/㎡） | 895,000（円/㎡） | 交通施設、距離 | |
| 地積（㎡） | 4,158（㎡） | 形状（間口：奥行き） | |
| 利用区分、構造 | 建物などの敷地、SRC（鉄骨鉄筋コンクリート造）20F | | |

**（相続税評価ベース）** 71 万円／㎡ ÷ 0.8 ＝ 88.75 万円／㎡ **（標準的な時価ベース）**

この図は、晴海五丁目西再開発地区外のすぐ北側にある地点。

説明：この図表は、「公的な売買価格」（公共団体が収用や再開発などで土地を評価する価格）を推定する簡単な計算方法。上図の「710C」は単位千円だから 71 万円を表す。「基 3」とは、基準地番号 3 のこと。下表がその内容。上図の相続税路線価を下表の都道府県地価調査価格で割ってみると「0.79…」と、だいたい 80％となる。

相続税路線価図は詳細につくられておりインターネットで入手可。

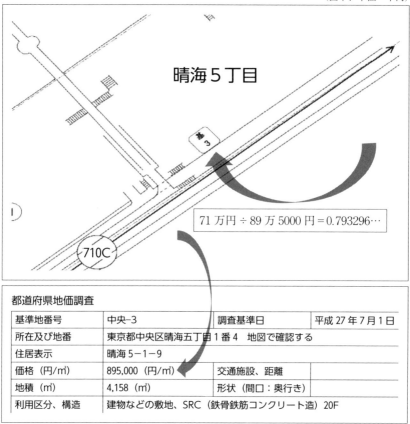

図表2－5　晴海五丁目西地区、晴海埠頭近辺
相続税路線価（東京国税局）

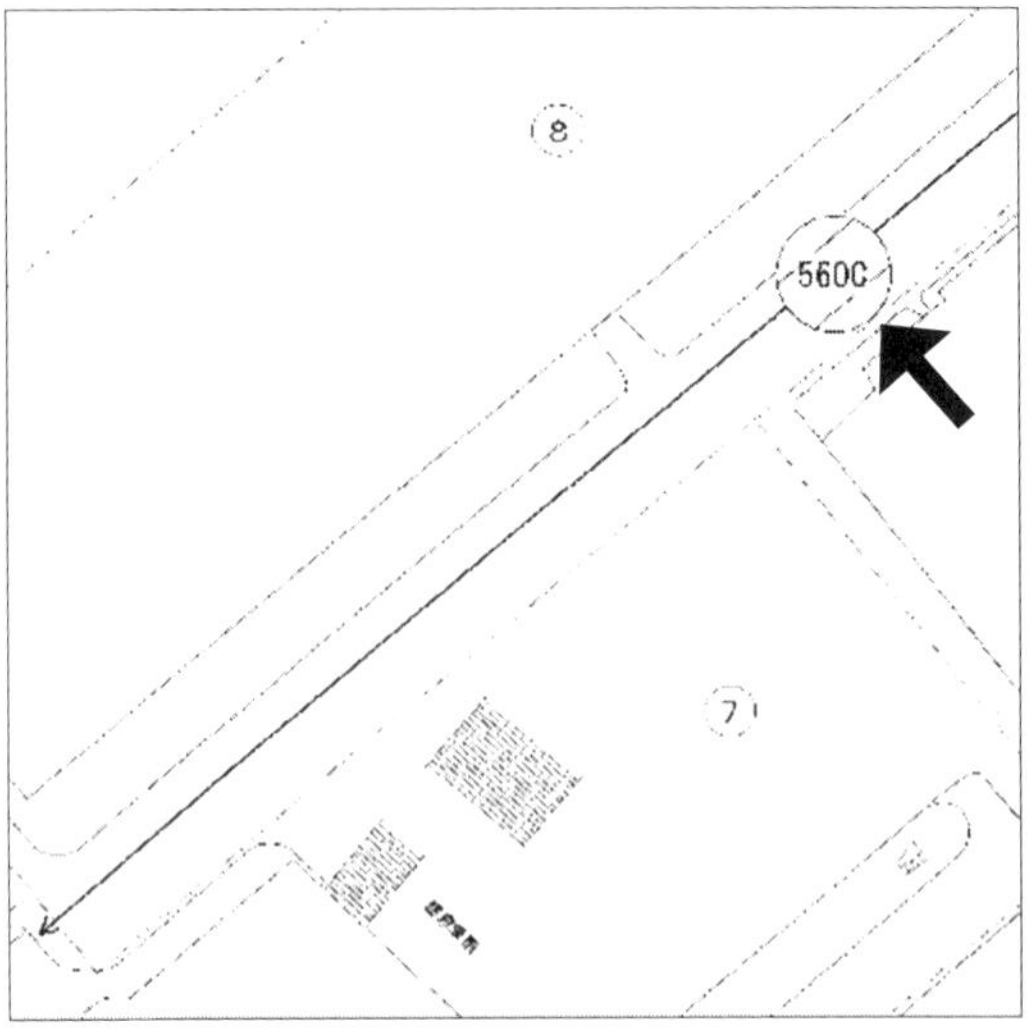


注：同地区で評価が低い南西の海部分の例。

の住宅地が89万5000円／㎡、同晴海三丁目三番六の商業地が132万円／㎡、同勝どき三丁目四一九番一の住宅地が103万円程度である（公示地価・基準地価。再開発認可当日開かれた東京都の晴海五丁目西市街地再開発事業保留床等処分運営委員会での報告）。

だから10万円／㎡は、文字通りバナナのたたき売りである。仮に同地区の推定「公的な市場価格」を100万円／㎡としてそれとの差90万円を売却した敷地面積13万6000㎡に乗ずれば、過小に試算しても1224億円のダンピングなのだ。これをオリンピックに賃貸予定の約4000室で割ってみると1部屋あたりおよそ3000万円となる。都が鑑定会社に提出したスケジュール表でも、改修期間は、2年ほどをみているようだが、いったい何を「改修」するというのか。

オリンピック村に貸すとしても、都有地をこれほど超格安で売り渡すことができるのか。東京都に公有財産処分のルールはないのか。

## 4　なぜ再開発か

東京都は、このオリンピック村整備を再開発で行うとしてきた。再開発といっても広い意味では、広大な工場跡地で工場が移転し、その後を「再開発」するというような言葉使いもある。しかしここで東京都が行うとしているのは、「都市再開発法にもとづく市街地再開発事業」である。なぜ市街地再開発事業なのか。

写真２－２「虎ノ門ヒルズ」

注：環状２号線新橋・虎ノ門地区市街地再開発事業は公共団体としての東京都が施行、2014年竣工。
出所：筆者撮影。

「市街地再開発事業」なんて言うと、一般にはなじみのあまりない言葉だ。

なんだ、それって言えば、この間、有名なのは、同じく東京都心部で行われてきた「虎ノ門ヒルズ」などが話題をまいていた。東京・新橋駅から西の方をみると駅から徒歩10分くらいのところに52階建ての超高層ビルがみえる。それに向かって太い幹線道路が西に伸びているが、それが2014年に開通した環状2号線道路の一部である。駅近くからこの超高層ビルに向かっての細長いおよそ8haが「環状2号線新橋・虎ノ門地区市街地再開発事業」である。再開発前の権利者の数にして942人（2002年）、環状2号線というマッカーサー道路（戦後直後、マッカーサーが日本に君臨していた時代に都市計画決定されたためにながらくそうよばれていた）を通し、その付近を開発するという東京都施行の市街地再開発事業である。「虎ノ門ヒルズ」自体は、デベロッパーの森ビルが特定建築者（後述）として一括して請け負って整備した（写真2－2）。

要は、密集して、お店だの、工場や不動産経営をしているたくさんの権利者がいるところで、道路を通すなどの公共性の名の下に、その権利者の権利を縦に、再開発ビル内に積み上げ、空けたところに道路を通し、外からデベロッパーを呼び込み超高層ビルをつくらせる。それが市街地再開発事業の姿だ。

これを、少し役所用語で言えば、複数の地権者の所有地や権利者が使っている土地を前提に、「合理的で健全な高度利用と都市機能更新」を進めるために市街地再開発事業を行う、ということになる。通常は、敷地を共同利用し、一筆《ふで》の共有化した敷地に高層建物を整備し、再開発前の所有権や借地権などを再開発ビル内のビル床に「等価」で移す。

土地の権利の単位を筆といい、小さな土地を大きな一筆にまとめることを共有化という。そこに超高層ビルを建てて、再開発前の土地建物の権利に見合うビル床をあげますよ、ということで、それを

図表2－6　市街地再開発事業（国の説明）

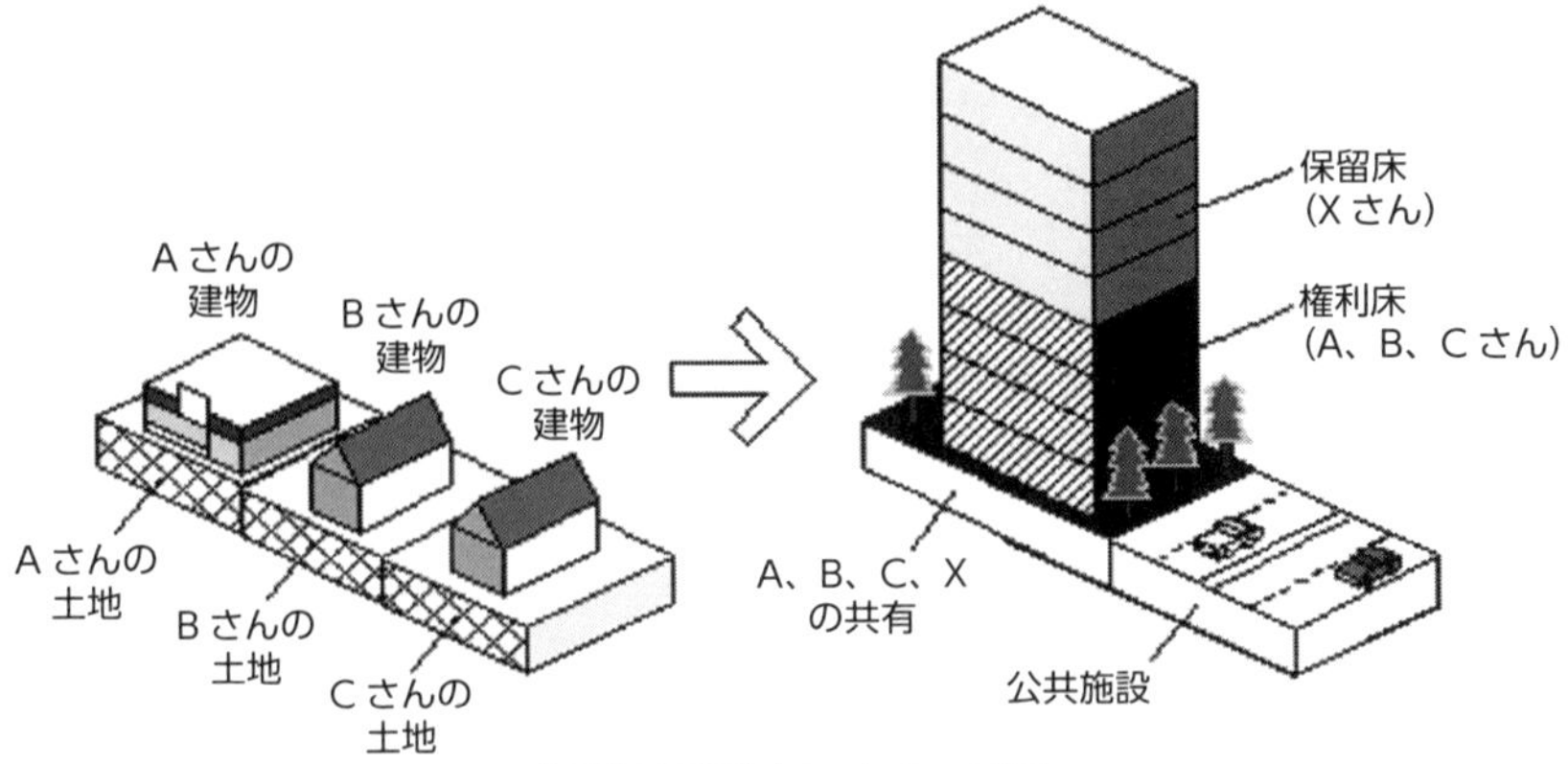


市街地再開発のイメージ図

**事業のしくみ**

・敷地を共同化し、高度利用することにより、公共施設用地を生み出す
・従前の権利者の権利は、原則として等価で新しい再開発ビルの床に置き換えられる（権利床）
・高度利用で新たに生み出された床（保留床）を処分し事業費に充てる

**事業の種類**

・第一種市街地再開発事業〈権利変換方式〉
権利変換手続きにより、従前建物、土地所有者等の権利を再開発ビルの床に関する権利に原則として等価で変換する。

出所：国土交通省のホームページより。

権利変換《けんりへんかん》という。また移す先のビル床を権利床《けんりしょう》と呼んでいる（図表2－6）。

市街地再開発事業は、都市再開発法施行（1969年）後のおよそ半世紀で現在100箇所ほど計画・事業化されてきた。前述の虎ノ門ヒルズだの六本木ヒルズなどは、よく知られた事例である。いま東京駅の丸の内側、八重洲側ともこの市街地再開発事業が多用され、あたり一帯は、ここ数年で50階建て級の超高層ビル林立の状況がつくられようとしている。

## 5　ただの再開発ではない、「一人芝居の大損再開発」・五つの異常

それではオリンピック村再開発はどうなのか。じつはそれが異例ずくめというよりは異常なのだ。

### その一、「一人芝居の再開発」。

この再開発は、東京都が「個人」として、一法人、一地主として施行する。ちなみにインターネットの検索エンジンで「晴海五丁目西第一種市街地再開発事業」と入れてみていただきたい。たくさんのホームページがすでに紹介されているが、その中にこの再開発は「東京都が施行する」がごとき記述ばかりだ。「東京２０２０大会の選手村の整備と大会後のレガシーとなるまちづくり」と題された「報道発表資料」（２０１６年4月掲載）などの類いだ。

レガシーというからには、いわば「オリンピックを記念にした遺産」というような意味合いだろうが、ここに「ポストオリンピック」を見すえた意図が示されている。

それらのホームページなどに事業名称、事業概要、事業施行者などが記されている。「事業施行者東京都」（前述「報道発表資料」）と記されているから、だれが見ても、これは東京都が「公共団体として施行」するのだろうと思ってしまうが、だまされてはならない。じつは違うのだ。都市再開発法上は、東京都が「一民間地主」として行う「個人施行」の再開発なのだ。ここに問題のカギがある。

### 図表2－7　市街地再開発事業進捗状況

（2016年3月31日現在）

| 施行者 | 事業完了 | 権利変換計画 | 事業計画 | 都市計画 | 計 |
|---|---|---|---|---|---|
| 地方公共団体 | 137 | 7 | 3 | 2 | 149 |
| 組　合 | 524 | 56 | 28 | 33 | 641 |
| 再開発会社 | 8 | 3 | 1 | 0 | 12 |
| 都市再生機構 | 48 | 3 | 0 | 0 | 51 |
| 住宅供給公社 | 11 | 0 | 0 | 0 | 11 |
| 個　人 | 152 | 8 | 4 | 6 | 170 |
| 計 | 880 | 77 | 36 | 41 | 1,034 |

注：数は各決定段階。
出所：全国市街地再開発協会『市街地再開発』2016年6月号より。

市街地再開発事業を大別すると、東京都や市などの自治体が行う「公共団体施行」と、地権者組合や個人が行う「民間施行」とがある。晴海五丁目西の場合は、東京都が施行するにもかかわらず、じつは都市再開発法上は後者のタイプ、「民間施行」再開発に該当する（図表2－7）。

不可解な話である。なぜなのか。

事実、2016年4月22日に市街地再開発事業の認可を受けたという事業について、個人施行以外では必ずやらなければならない市街地再開発の事業計画の「公衆縦覧」、「意見書提出の機会設定」などは一切なかった。この手続きは、事業開始にあたって事業計画を「公衆」みんなにお見せし、利害関係のある者の意見書を受けつけるという制度だ。晴海五丁目西の場合は、まさに密室の中での作業だったのだ。

その事業認可権者が当時の「東京都知事　舛添要一」であった。他方、事業する権限を東京都からいただく認可された側は「一民間地主」としての「東京都知事　舛添要一」なのだ（写真2－3）。

写真２－３　晴海五丁目西地区市街地再開発事業施行認可書

２８都市整再第１１１号

東京都新宿区西新宿二丁目８番１号
東京都知事　舛添　要一

市街地再開発事業施行認可書

平成２８年４月１日付２７都市整企第５８７号で申請のあった晴海五丁目西地区第一種市街地再開発事業の施行については、都市再開発法（昭和４４年法律第３８号）第７条の９第１項の規定に基づき認可する。

平成２８年４月２２日

東京都知事　舛添要一

注：認可権者が東京都知事・舛添要一、認可を受けた者は、一法人地主としての東京都知事・舛添要一。東京都の説明では、上の舛添さんが認可をいただいた人、下の舛添さんが認可した人だとのこと。同一なものだから上に敬称がついていないらしい。

出所：筆者撮影。

都市再開発法では、「お上《かみ》としての公共団体」の東京都が、民間に施行権を渡す認可権、そして監督権をもつ、としているのだ。それが「一民間地主」に過ぎない、なんと東京都に認可を下ろしたというのだから、「一人芝居」そのものだ。

**その二、オリンピック村予定地は、本来、再開発が想定されるようなところではない。**

市街地再開発事業をするときは、たくさんの権利者をかかえ、一定の古い建物などが密集していて、防災上も住環境上も問題があるところが想定されてきた（図表２－６）。そこで市街地再開発事業を行うことで「都市における合理的かつ健全な高度利用と都市機能の更新」なる「公共性」の理念を実現するとしてきた。前述都市再開発法には、市街地再開発事業の施行区域要件を事細かに定めている。そこでは、老朽建物などが密集したところを想定したものといってよい。そうすることで初めて防災に寄与し住環境の向上をはかるといった「公共性」が担保されるのだ。だからそういうところで公共団体も再開発をすることができ、また国の社会資本整備総合交付金なる補助金の交付対象ともなる。

ところがすべての筆が同一地主、東京都の土地で、写真2-1のようにほぼ更地であるから必ずしも「再開発の都市計画上の施行区域」にふさわしいところとはいえない。市街地再開発事業として都市計画に位置づけることもせず、国の社会資本整備総合交付金の補助対象にもならない。「都市計画で決定された市街地再開発事業」ではないところで唯一許されているのは「個人施行」だけなのだ。

**その三、市街地再開発事業の進め方もリニア並み、前代未聞、異例のスピードだ。**

２０１６年4月22日に個人施行としての市街地再開発事業の認可を得た。ところがつぎのステップがわずか4日後、4月26日には、もうそれぞれの権利を確定する権利変換計画の認可をしたのだ。

通例、いちばん早い新幹線・のぞみ並みの再開発の場合であっても、事業認可から30日を経た翌日、評価基準日を経ておよそ6カ月以内程度で権利変換計画縦覧、意見書提出、その上での権利変換計画認可申請、認可という行程をたどる。つまり1年近くはかかる。

よくある再開発事例では、事業認可からはほぼ2年程度はかかる。しかしオリンピック村再開発の場合は、個人施行認可日とほぼ同じ日、権利変換計画認可申請を出し、4日後に権利変換計画の認可までを得たのだ。これも、すべての土地が同一地主の所有で、民間地主の舛添要一知事が、東京都・舛添要一知事に対して認可申請を行うという「一人芝居」だからだ。

## その四、地主がすべて転出、「権利変換なき異例の再開発」。

権利変換は、再開発前の土地建物の権利を再開発ビル内に移すことだ。権利変換計画はそれを大部の1冊の本で示す図書（写真2-4参照）だが、再開発前の都有地について東京都は、1坪たりとも権利変換で床をもらっていない。すべてお金に換えて外に「転出」させる。これを決めたのが権利変換計画である。すべての土地を失ってお金に換えることについて、東京都庁内ではいったいどういう意思形成が図られたのか。わずか4日間でこれをやったのか。

もとよりオリンピック村再開発、晴海五丁目西地区は、第一種市街地再開発事業である。

第一種市街地再開発事業は、通称、権利変換方式とよばれるが、再開発前の土地建物の権利を再開発ビルの権利床に移すことが原則だ。例外的に権利者の申出に応じて転出することができる。

国土交通省が一〇年一日のごとく説明図（図表2-6参照）を示し、「権利変換」を説明しているとおり、再開発前の権利者は、再開発ビル内の「権利床」に権利が移される。これを東京都は自ら放棄してすべて転出させたのだ。事業認可と同時に地主の東京都はすべて転出扱いとして権利床はゼロとなった。

このようなことは異例だが、再開発前の権利者からみれば、再開発前の資産を相場より高く評価してもらって、再開発が始まった時点で「転出」してしまえばハッピー、外により大きな資産を獲得することができるかもしれない。

**第五、地主大損の再開発。**

きわめつけは、東京都がそんな地主の権利は一顧だにすることなく、その転出資産の評価額を129億6000万円と自ら設定することだ。権利変換計画にその金額が記載される、というか、一地主の個人施行だから自ら記載する。これが転出に際して地主の東京都が自らもらう転出補償金となる。これがまさに10万円／㎡の価額そのものである。かくして東京都は、自ら大損となるような値段をつけて自らこの敷地を手放したのだ。

「一人芝居」だけではなく「地主大損再開発」である。

## 6　10分の1投げ売りの秘密——個人施行、全員同意型権利変換計画

一般の市街地再開発事業では、こんな「離れ業」は自由にはできないし、地主も当然自らの資産価値の保全を考えるから、自分の資産価値を下げるようなことは認めるはずもない。

本来、市街地再開発事業では、前述の国土交通省のホームページにあるように、再開発前の土地建物資産に対して「等価」で権利床を渡す原則がある（図表2－6参照）。その場合の再開発前の土地

建物資産をどう算定するかの原則がある。都市再開発法第80条に「近傍類似の土地、近傍同種の建築物又は近傍類似の土地若しくは近傍同種の建築物に関する同種の権利の取引価格等を考慮して定める相当の価額」という規定がおかれている。簡単に言えば、一般の不動産市場の値段に遠からず、「標準的な時価」「不動産鑑定における『正常価格』（後述）」である必要がある（中元三郎著『都市再開発事業』21頁、プログレス、２００３年）。でないと行政処分（強制力のある権利変換）を再開発前の権利者に押しつける場合、憲法29条財産権の侵害で訴えられてしまうからだ。

再開発では、こうした財産権保全の担保があるから、初めて反対権利者も巻き込み権利変換処分を押し付けることができるのだ。

ただし、例外がある。これまでの再開発権利者の「全員が同意」している場合に限って、この原則をはずすことができるというのだ。

再開発前の権利者の資産の評価を多少落としても、再開発ビルもその原価が少し安くなるから、権利者が入る権利床値段も少し安くなり再開発前の権利者はそれほど損をするわけではない、というような打算が働く。その方が、再開発ビルの大量の床で、権利者が入る以外の部分を安くデベロッパーに引き渡すことができる。これまでなかなか大量のビルをつくっても売りにくい場合は、こうした例外的な便法を使った事例もあった。

この例外的な便法が使えるのは、一人地主や小人数で全員が再開発に賛成しているような「個人施行」であったり、多数の組合員をかかえる地権者組合施行であっても権利変換計画への「すべての権利者全員の同意」がある場合である（都市再開発法110条）。再開発前の資産評価で、都市再開発法80条の規定——「近傍類似……相当の価額」原則を適用しなくてもよいとされているのだ。バナナのたたき売りよろしくの廉価の評価で再開発事業に土地を編入しても都市再開発法上は違法ではない。

ただし、こうした便法は、再開発前の権利者が再開発ビル内に権利床を得る場合に使われた。ところがオリンピック村再開発の場合は、すべて転出だから、転出資産を市場価格の10分の1で評価しては大損である。そのまま外で土地を得るならば、18haが1・8haになってしまう。それを自分で勝手にやったというから、まさに「地主としては大損」「自滅」の再開発事業といってよい。

それでも、晴海五丁目西再開発の場合の10万円／㎡という資産評価で、都有地を評価することが都市再開発法上は許されるというのであれば、「都市再開発法の大損的な解釈」だというほかない。脱法行為である。

## 7　デベロッパー、特定建築者が10分の1価格で仕入れる

それでは晴海五丁目西では、東京都が都有地を市場価格の10分の1で提供し、東京都がすべて転出した後、その土地は誰が取得するのか。それはデベロッパー、「特定建築者」である。権利変換計画書にもその点が明記されているところだ。

「特定建築者」とは何か。

**図表2-8　晴海五丁目西地区の事業協力者と特定建築者（予定者）**

| 事業協力者決定 | 特定建築者予定者決定 |
|---|---|
| 三井不動産レジデンシャル | 三井不動産レジデンシャル |
| エヌ・ティ・ティ都市開発 | エヌ・ティ・ティ都市開発 |
| 新日鉄興和不動産 | 新日鉄興和不動産 |
| 住友商事 | 住友商事 |
| 住友不動産 | 住友不動産 |
| 大和ハウス | 大和ハウス |
| 東急不動産 | 東急不動産 |
| 東京建物 | 東京建物 |
| 野村不動産 | 野村不動産 |
| 三井物産★ | 三井不動産 |
| 三井不動産 | 三菱地所レジデンス |
| 三菱地所★ | |
| 三菱地所レジデンス | |

注：事業協力者13社は2015年3月決定。16年4月22日に土地譲渡価格10万円／㎡を決定し、特定建築者を公募したとされる。特定建築者予定者は2016年7月に同系列の会社★印を除く11社を決定。「公募」とは名ばかり。

**受注組織立ち上げから譲渡価格決定、特定建築者予定の決定まで**

| 年 | 月 | 日 | 内　容 |
|---|---|---|---|
| 2015 | 3 | 27 | デベロッパー13社を**事業協力者に決定**。 |
| 2016 | 2 | 23 | 日本不動産研究所が再開発予定地域の価格調査報告。約10万円／㎡の単価、129億6000万円とした。 |
| | 4 | 22 | **再開発事業の認可**（個人施行）。認可内容の資金計画では10万円／㎡、総額129億6000万円のデベロッパーからの入金も財産収入として記載。 |
| | | | 同日、「**保留床等処分運営委員会**」が10万円／㎡の単価、総額129億6000万円の処分価格を決定。 |
| | 4 | 26 | 再開発事業の**権利変換計画決定**。10万円／㎡、総額129億6000万円の東京都の土地評価額も決定。すべて転出。 |
| | 5 | 13 | **特定建築者公募**。10万円／㎡、129億6000万円は前提条件。 |
| | 7 | 28 | **特定建築者予定として11社が決定**。同一系列とみられる2社を除き15年3月決定の事業協力者がそのまま決まる。 |

注：この経過をたどると、「事業協力者」の決定後は、土地の譲渡価格を10万円／㎡、129億6000万円と定めて、**あっという間に**個人施行再開発の事業認可、ぜんぶ転出の権利変換計画決定、特定建築者となる11社に格安譲渡を決定したことが分かる。

再開発ビルの床は、前述の図（図表２－６参照）に即して言えば、２通りある。一つは再開発前の権利者が入る「権利床《けんりしょう》」である。いま一つは「保留床《ほりゅうしょう》」とよばれ、外から外部のデベロッパーが買い受ける。その際、特定建築者は、保留床を一括して取得して、自ら建てる建築者である（都市再開発法99条の２）。すべて保留床だけの棟の場合などにはよく特定建築者がこれを担う。前述の新橋の虎ノ門ヒルズなども森ビルが特定建築者として整備した。

晴海五丁目西の場合は、権利者はすべて転出、権利者なしの状態だから、そこに建つ再開発ビルはすべて保留床群で、特定建築者が建てることができる。

晴海五丁目西では、再開発ビル床はすべて保留床になったところで、特定建築者を募集した。募集要綱にも、土地価格は建築敷地面積13万４０００㎡で１２９億６０００万円だとした。これは再開発の事業計画でも「財産収入」として１２９億６０００万円として計上されている額だ。すなわち、お

**図表２－９　晴海五丁目西地区第一種市街地再開発事業資金計画**

(1)収入　（単位：百万円）

| 事　項 | 金　額 |
|---|---|
| 都単独費 | 37,796 |
| 財産収入 | 12,960 |
| 分担金及び負担金 | 3,269 |
| 合　計 | 54,025 |

(2)支出

| 事　項 | 金　額 |
|---|---|
| 公共施設工事費 | 18,821 |
| 用地及び補償費 | 31,912 |
| 権利変換諸費 | 740 |
| 工事雑費 | 991 |
| 事務費 | 1,561 |
| 合　計 | 54,025 |

注：1　なお、本事業においては、特定建築者制度の活用を予定しているため、特定建築者が負担する施設整備費用を除いた資金計画を整理する。
以上の部分は、筆者が都庁にて写し撮ってきたものから転写。
2　都へのヒアリングによれば、都単独費はインフラ、土盛整備費。財産収入は特定建築者からの入金分。支出の補償費には都有地転出補償が含まれる。

写真２－４　晴海五丁目西地区権利変換計画書

注：権利変換計画も、一法人地主の個人・東京都知事舛添要一が、東京都知事舛添要一に認可申請して、東京都の認可を得た。認可後は、再開発事業完了までは「事務所備付簿書」として施行者の事務所に備え付けておき、閲覧謄写請求などに応じなければならない。（都市再開発法134条、同法施行規則38条）
出所：筆者撮影。

よそ10万円／㎡の廉価で都有地を手にするのは、民間開発業者そのものなのだ。

　権利変換計画では、すでにすべての床を特定建築者に帰属させると記されていたが、その時点では、まだそれが決まっていないことになっていた。公募をかけて２０１６年７月にはプレゼンテーションを受け、その上で決めるという体裁とした。

　しかし前述のとおり再開発の事業認可が出る以前の２０１５年には、すでにデベロッパー13社が連合した組織をつくり、それを受注する態勢をつくっており、16年の公募の結果そのうち系列会社が複数ある2社がなくなり11社が特定建築者となった（図表２－８）。土地の譲渡価格もすでに10万円／㎡と決められており、公募とは名ばかりでまさに出来レースである。

　この土地の譲渡価格などを決定したとされる「保留床等処分運営委員会」（同再開発事業・規準八条）が開かれたのは２０１６年４月22日である。同委員会は、「適正な運営を図るため」（同再開発事

写真２－５　東京都施行市街地再開発事業（荒川区白鬚西地区）

注：4500 戸の住宅建設目標がかかげられ、うち 1175 戸は公営住宅。住民が住み働き続けるための都営の貸し工場もつくられた。1987 年事業認可、2009 年まで。公共団体としての東京都が施行。石原慎太郎都政時代にかつての都施行再開発の抜本的見直しが行われ、「民間活力」導入に転換していった。
出所：筆者撮影。

業・規準八条）学者・弁護士・不動産鑑定士・都幹部などが名を連ねる。そこで10万円／㎡、１２９億６０００万円が案として諮られる。ところが当日は、同再開発事業が個人施行として認可された日でもある。認可された事業計画書には、すでに「財産収入」としてデベロッパーから入金する予定の一〇万円／㎡、１２９億６０００万円が明記されている（図表２－９）。これが４日後の権利変換計画書には東京都の転出権利額としても示されているのだ（写真２－４）。いかにまともに審査もせずに形式だけ整えてきたかの証左である。

民間デベロッパーが特定建築者制度を活用し事業展開した最近の事例としては、前述の2014年6月オープンの虎ノ門ヒルズが知られている。前述のとおりこれは東京都の公共団体施行の市街地再開発事業に森ビルが特定建築者として参入しつくったものだった。自らの経営戦略に合わせて、賃料55万から292万円／月額の賃貸住宅、米ハイアット系列の高級ホテル「アンダーズ東京」（1泊5万円～100万円）を入れるなどの、華々しいスタートとなってマスコミで紹介された。蹴散らされた借家、借地の住民はどこへ行ったのか。

他方、かつてはこの特定建築者制度を活用して大量の公営住宅建設につなげた再開発もあった。同じく東京都施行の市街地再開発事業であるが、たとえば荒川区白鬚《しらひげ》西地区（1987年事業認可、2009年まで）で、4500戸の住宅建設目標がかかげられ、うち1175戸は公営住宅だった（写真2－5）。また併せて前々からの零細工場などを救うための都営の貸し工場もつくられ、今なお営々と操業を続けている住民もいる。まさに再開発のあり方をめぐっては対照的な姿である。

## 8　中心点――なぜ都有地の売却価格は「適正な価格」ではないのか

もともと地方自治制度では、公有財産を民間に売却するときには厳しいしばりがある。法的な基準として「適正な価格」で譲渡することを求めているのだ。曰く「普通地方公共団体の財産は、……適

図表2－10　公有財産処分は「適正な価格」でなければならない

地方自治法
（財産の管理及び処分）
第二百三十七条　この法律において「財産」とは、公有財産、物品及び債権並びに基金をいう。
2　第二百三十八条の四第一項の規定の適用がある場合を除き、普通地方公共団体の財産は、条例又は議会の議決による場合でなければ、これを交換し、出資の目的とし、若しくは支払手段として使用し、又は適正な対価なくしてこれを譲渡し、若しくは貸し付けてはならない。

正な対価なくしてこれを譲渡し……てはならない」（地方自治法第237条2項）というのだ（図表2－10）。

東京都の場合は「東京都財産価格審議会条例」があり、東京都財産価格審議会というものが設けられている。通例、こうしたケースでは同審議会の議を経て、「適正な価格」であることもチェックの対象とされ譲渡・処分される。

ところが今回の案件は同財産価格審議会の議を経ていない。この点についての東京都の説明は、同審議会にかけなくとも「都市再開発法により施行者が決めるルールがある」という説明だったというが、その実態は上述のとおり「一人芝居の大損再開発」だ。

けっきょく同一地主ですべて更地、まるまる転出、市場価格の10分の1で売却することの意味は何だったのか。まさに市街地再開発事業をトンネルに公有地のたたき売りをしたのではないかとしかいいようがない。

同じオリンピック関連での都有地処分で、晴海五丁目よりもっと遠い銀座から5kmの江東区有明一丁目の不動産鑑定は「正常価格」として50万円／㎡としていた。しかし晴海五丁目西の価格調査の額は、「正常価格」ではない。同じ不動産鑑定士が携わっているとしても違う性格の地

図表2－11　晴海五丁目西地区の地価の「調査報告書」から

[redacted]

ただし、大会期間中[redacted]建物の物理的減価は発生することから、当該物理的減価相当は分譲価格に反映する必要があると思料する。

以上の検討を踏まえ、上記要因が分譲単価に与える影響は概ね[redacted]%と判断した。

日本不動産研究所が2016年2月23日に東京都の安井順一都市整備局長に提出した「調査報告書」（図表2－8下欄参照）の一部（63頁）。随所に「のり弁」（墨塗り）がみられる。同書3頁で都有地分譲価格を129億6000万円、約10万円／㎡としているが、この土地が、①利用方法、②開発スケジュールの二点を所与の条件とするため、「価格等調査の基本的事項及び手順について（国土交通省の）不動産鑑定評価基準に則ることが出来ない」とも記載している。また上にあるように、「上記要因が分譲単価に与える影響はおおむね[redacted]%」と1桁で記している。

価調査だ。東京都は、先述の2点の特殊要因を考慮した「価格」だと説明している。

このような特殊な価格調査では、財産価格審議会などでは「適正な価格」と主張することが困難だったのではないか。

もしこの二つの特殊要因が正当であるならば、再開発の異常な便法を使わずに、堂々と財産価格審議会にかけ、都民的な合意をもって手続きを進めるべきであった。

再開発の事業計画によれば、東京都はこの都有地放出に加え、さらに土盛やインフラ整備などで晴海五丁目西に都単独費約378億円を都財政から投入する（図表2－9）。特定建築者が購入する129億6000万円、10万円／㎡の土地は、こうした整備の後のビル用地として、都市基盤整備が終了したことを想定した土地価格であり、整備費の原価すら大幅に下回る。まさにここに「オリンピック村再開発」の不明朗さがぬぐえないのだ。

舛添要一前都知事の「クレヨンしんちゃん400円」政務調査費流用事件で何が覆い隠されたか、小池百合子都知事はそこにきちんと向かい合ってメスを入れられるか、私たちは注視しておかなければならない。情報公開を進めると積極的にうたう小池百合子都知事は、墨塗りだらけ、「のり弁」の「調査報告」をオープンにして、オリンピック村再開発での10分の1の都有地処分の理由を明快に説明するべきである。

（遠藤哲人）

**注**

・正常価格＝「市場性を有する不動産について、現実の社会経済情勢の下で合理的と考えられる条件を満たす市場で形成されるであろう市場価値を表示する適正な価格をいう」（国土交通省・不動産鑑定評価基準における定義）。

・本稿は、新建築家技術者集団発行『建築とまちづくり』2016年7・8月合併号、オリンピック特集に筆者が寄稿したものに手を入れたもの。

# 3 東京臨海部開発という闇にうかぶ豊洲・選手村開発

1章で豊洲地区の土地区画整理、2章でオリンピック選手村再開発の問題を明らかにしてきた。ここでは、この二つの開発問題を、東京臨海部開発という視点からとらえなおし、あらためて問題点を指摘しておきたい。

## 1 開発のホットスポット、豊洲・晴海

まず、もう一度、本文の冒頭（8頁）で示した図表0－1を見ておきたい。この図は、東京臨海部において、選手村、豊洲区画整理、そして築地がどのような位置にあるかを示したものである。ほぼ晴海通りとその延伸部（放射第34号線支線1）にそって、つながっていることがわかる。銀座からスタートすると、まず、築地を通り、臨海部に一直線に伸び、勝どき、選手村のある晴海、そして、晴海通り延伸部を通ってそのまま直進すると、豊洲新市場のある豊洲の中央を貫いて、臨海副都心の有

明に達する。また、晴海通りに平行して計画されている環状2号線は三つの島を結びつける重要な役割をになっていることもわかる。

図の中央に描いた円は、豊洲の先端部を中心に半径およそ3㎞で描いたものである。これは、森ビルとも親密な関係にある都市計画家・伊藤滋氏が、『たたかう東京　東京計画2030＋』（鹿島出版会、2014年）で、東京インナーハーバーゾーンと名付けたエリアだ。同書は、大林組、鹿島建設、森ビル、三菱地所、東京ガスといった大手開発関連企業を網羅した「2030年の東京都心市街地像研究会」の協力を得て書き上げたものである。氏は、「都心部は国際ビジネスの拠点としてさらに整備される必要がありますが、大規模開発の余地は少なく、東京臨海部が最後の受け皿になります」と語り、臨海部は、「公共用地も多く、相隣問題（建設における相隣間のトラブル）は極めて少ないために早期開発が可能です。日本経済再生にとって、2020年の東京オリンピック・パラリンピックを契機とし、2030年完成を目指す東京臨海部の開発推進は、極めて重要な実行施策となります」と、開発への企業の野望を代弁している。

この、東京の〝最後の開発フロンティア〟ともいうべき東京湾臨海部は、80年代に、臨海副都心開発を中心として、バブル的開発がくり広げられた舞台となった。それはひとたびバブルに沈んだが、いまやふたたび、アベノピックス（アベノミクス＋オリンピック、岩見の造語）で開発ラッシュに見舞われている。図表3‐1（後掲）が示すように、道路計画や鉄道計画、そして大規模再開発やマンション・事務所・商業施設建設が目白押しである。なかでも、開発余地が大きく残されている臨海副都心と豊洲・晴海はもっともホットな場所となっている。同地域では、2001年に鹿島・大成等のスーパーゼネコン7社、三井不動産、三菱地所レジデンス、それに大地主の東京ガス用地開発、IHIが加わって、「東京インナーハーバー連絡会議」が結成され、着々と開発が進められてきた。いまやオリンピック選手村再開発や豊洲新市場建設で開発に一段とはずみがついたのである。晴海では、2015年に竣工した52階建て、1450戸のツインタワー「ドゥ・トゥール」(住友不動産)に続き、49階建て、861戸のザ・パークハウス晴海タワーズティアロレジデンス(三井不動産レジデンシャル)が16年3月に完成している。豊洲では、豊洲駅前にはIHI工場跡地に、豊洲シビックセンター(15年9月にオープン)、豊洲二丁目駅前地区再開発が進んでいる。区画整理区域内に、豊洲新市場の他、三井・三菱・東京建物・東急・住友・野村・東京電力の大手が組んだ、44階建てのスカイズタワー&ガーデンがすでに15年3月に、ベイズタワー&ガーデンが16年7月に竣工している。両者を合わせると1660戸にも及ぶ規模である。東京ガス用地開発は、区画整理した自社用地約20haを、〝TOYOSU22〟と名づけ、住宅・業務・商業などによる複合市街地の形成を目ざしているのである。

## 2　ドーピング的都市再生

ここで、臨海部も含め、東京都心部の今回の開発フィーバーは、バブル時のそれとは、かなり性格が異なることに注意しなければならない。かつての狂乱的開発は、規制緩和一辺倒、それに旺盛な不

写真３－１　工事中の環状２号線

左前方が晴海５丁目西地区、オリンピック村予定地
出所：2017年２月７日、遠藤哲人撮影

動産需要と〝金余り〟がむすびついて、生み出されたものであった。しかし、今回の開発フィーバーは、国や東京都による強力な開発の支援抜きには考えられない。人口減少・少子高齢化によって、構造的ともいえる、低成長・不動産需要の低迷の下では、単なる規制緩和だけではもはや動かなくなっているのだ。

開発の強力なテコとなっているのが、次の四つの政策的支援である。

一つは、広域的なメガインフラの整備である。三環状道路（すでに全通した中央環状、ほぼ開通した圏央道、そして今整備が急ピッチで進められている外環道）と羽田・成田空港の拡充、強化、首都圏新空港の整備、それにいよいよ動きだしたリニア新幹線の建設である。

このインフラのグランドデザインは、石原慎太郎都政が東京の再強化をめざし、打ち出した、「環状メガロポリス構想」（２００１年）で描かれたものである。臨海ゾーンを含む都心を中心とした東京大改造をおこない、世界から、ヒト、カネ、モノをひきつける、魅力的な都市に変えていくのである。その引き金となるのが、こうしたメガインフラだというわけだ。ときあたかも、小泉純一郎内閣が発足し、都市再生が開始された時期である。小泉内閣、石原都政によって、強力なタッグが組まれ、東京都市再生が進められていったのである。

メガインフラの整備は、東京圏の開発ポテンシャルを一挙に引き上げるが、その効果を隅々まで行き渡らせるために、都市計画道路をはじめ、大小のインフラ整備にも力が注がれる。臨海部についていえば、図表3-1にみるように、環状2号等の道路整備と鉄道の新設・延伸が急がれている。羽田をはじめ、メガインフラへのアクセスを高めることによって、臨海部の開発ポテンシャルを、大きく引き上げようという狙いである。選手村再開発も、豊洲も、2号線延伸、BRT（バス高速輸送システム）整備なくして、成り立たない。この図面には示されていないが、選手村へのアクセス改善のために、ゆりかもめを選手村まで伸ばす構想、あるいは、晴海通りに平行して、銀座付近から国際展示場付近を結ぶ新地下鉄整備の構想（「都心部と臨海部を結ぶ地下鉄新線の整備に向けた検討調査」2015［平成27］年3月、中央区）、さらには、晴海通りの上に、豊洲から晴海まで高速道路を乗せるという構想も進んでいる。

第2のテコは、特区的規制緩和だ。インフラが整備されただけでは、ビルトアップは進まない。開発企業の利潤動機を刺激しなければならない。その主要な政策が都市計画の規制緩和だ。都市計画の規制を緩和、ないしは無効にする、あるいは手続きのスピードアップをはかるのである。ただし、前

図表３－１　東京湾臨海部の開発

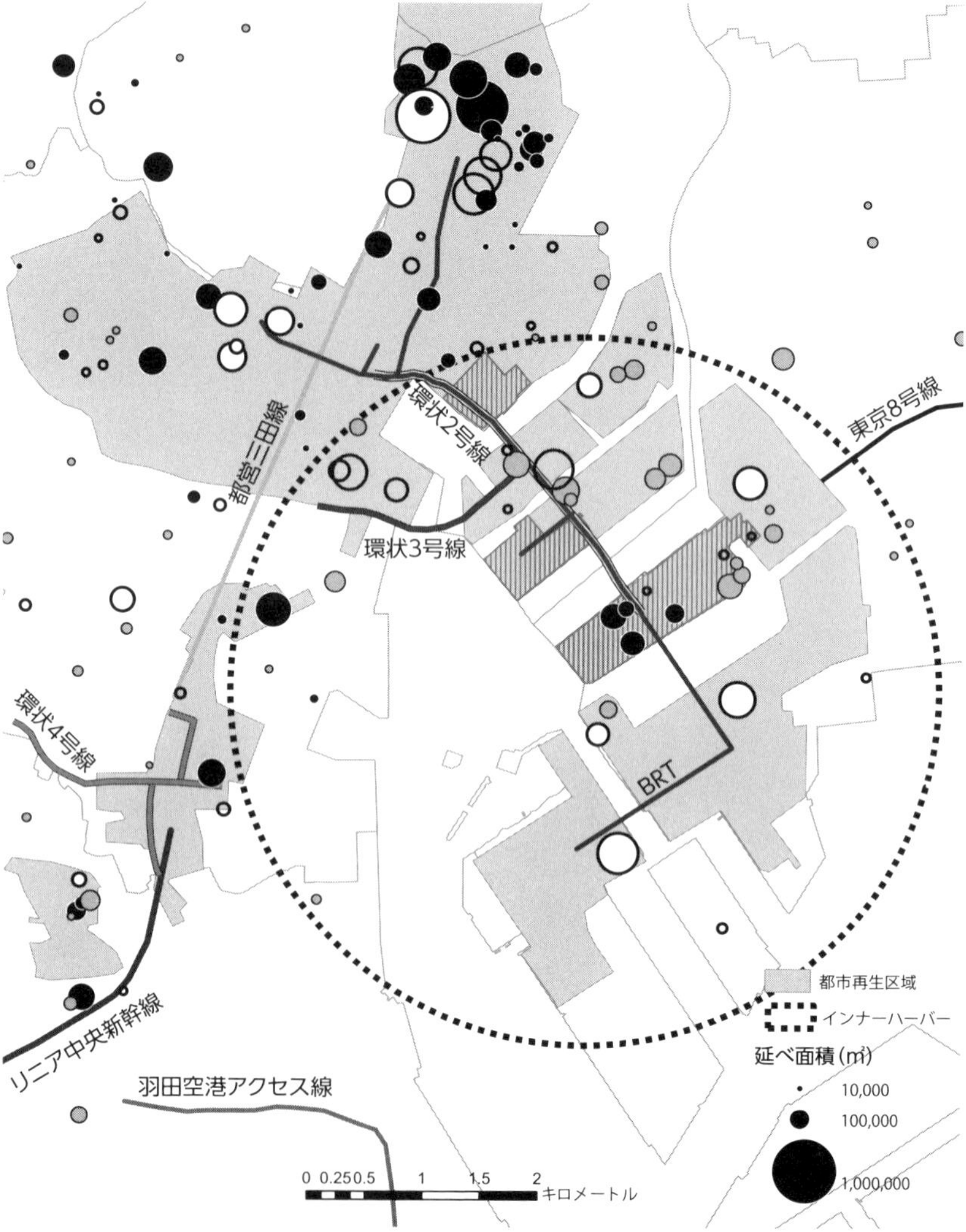


注：1　丸は、2015 年以降に完成する延べ床面積 1 万㎡以上の開発プロジェクト。
　　2　黒丸は事務所・店舗、グレーの丸はマンション、白丸は公益施設その他を表す。
　　3　丸の大きさは、延べ床面積を表す。
資料：日経 BP 社『東京大改造マップ　開発プロジェクトデーター集 2015 年版』より筆者作成。

回80年代のバブルのときと異なるのは、国家主導のもと、特定の区域を選んで、それがおこなわれていることである。それが特区的規制緩和である。「選択と集中」政策の典型といえる。

　小泉都市再生で制度化された、「都市再生緊急整備地域」はその最初のものだ。国が指定した、この特定の区域において、特権的に、都市再生特区はもちろん、再開発等促進区等の都市計画の規制緩和、都市計画手続きの規制緩和、さらに税・金融の優遇措置が認められるのだ。この手法は、かつてイギリスの首相・サッチャーが、経済の起死再生をめざし、首相の座につくや、すぐさま着手したロンドンのドックランズ再開発の手法を手本にしたものである。[*1] サッチャーは、この特定エリアに莫大な公共投資を集中的に注ぎ込み、立地企業には、さまざまな優遇措置を講じ、まさに企業天国をつくり上げたのである。

　民主党政権下でも特区手法が追求された。２０１０年に制度化された、「国際戦略総合特区制度」である。そして、２０１３年、安倍内閣のもとで、岩盤規制に穴を空けることを目指した、「国家戦略特区」が設けられたのである。

　注意すべきは、都市再生緊急整備地域、総合特区はほぼ完全に重なって、先のセンターコアゾーン、臨海ゾーンに配置されている点だ。面積的に、臨海ゾーンがほぼ半分をしめている。臨海部開発が、東京改造においていかに重視されているかがわかる。

　3点目は、公有財産の格安提供である。市場価格より安い値段で売却する、ないしは開発へ投げ込むのである。これによって、開発企業の利潤を引き上げ、開発を促進するというネライだ。ただし、公有財産をそのまま、いわば裸で、払い下げることはまれだ。その不公正さが、誰の目にも明らかになってしまうからである。一般的には、公有財産は、ＰＦＩ、ＳＰＣ、[*2]あるいは再開発、区画整理といった事業手法と組み合わせて、開発に投入される。これによって、実態をみえにくくさせることができるからだ。本書でとりあげた二つの事例は、再開発、区画整理に絡められた公有財産の提供のわかりやすい例である。

第4のテコがオリンピックである。第1、第2、第3のテコだけでは大規模開発は動かない。特に、人口減少高齢化社会に入った現在、成長率は大きくにぶり、開発に動く企業は少ない。インフラ整備や再開発で住まいを取り上げられる住民の抵抗も強い。それを一挙にふきとばすためには、強力な〝お祭り〟がぜひとも必要になるというわけである。

かつて臨海副都心開発でも、開発ムードを盛り上げるため、１９９６年世界都市博が企てられた。オリンピックはもっとも効果的なお祭りである。石原元都知事は、２００７年にオリンピックに名乗りをあげ、落選したものの、２０１１年の都知事再選と同時に、再びオリンピック招致に動いたのは、五輪のお祭りムードを追い風に、一挙に、東京大改造に弾みをつけたかったからにちがいない。たとえば、先に紹介した、臨海部におけるさまざまな環状線の延伸や、インフラ整備計画も、オリンピック会場へのアクセス改善ということで、時限を切って、その完成を目指すことができるのだ。オリンピックに向けて、羽田の増便をはかるという口実で、都心上空を低高度で通過する羽田空港の新たなルートの設置を強行する。さらには、〝おもてなし〟ということで、カジノ構想さえ打ち出される始末である。ともかく〝何でもあり〟になってしまうのだ。

オリンピックムードを利用して、開発事業費が歯止めなく膨張していくことにも警戒が必要だ。国立競技場をはじめ、オリンピック競技場建設費が何倍にも拡大し、大会開催経費が、当初の3倍を超える2兆円近い規模にまで膨れあがったことは、マスコミが報じているとおりだ。豊洲新市場の建設にかかわる事業費の膨張、工事受注をめぐる談合疑惑も、おこるべくしておこったのだ。

## 3　よみがえる利権の島

現在の開発フィーバーは、かつて80年代、地価狂乱の中で狂ったように進められた臨海副都心開発の光景とダブる。

当時、鉄鋼やセメント等は需要の低迷にあえぎ、あらたな市場を求めていた。大規模開発は格好の市場であった。１９７９年、鉄鋼、セメント、土木、建設、建設機械等の業界はＪＡＰＩＣ（日本プロジェクト産業協議会）を結成、大規模プロジェクトを国や自治体に持ち込みはじめた。臨海部横断道路、圏央道、環七、環八の地下化、外環整備など、矢継ぎ早に提案していったのである。彼らが、もっとも重視したのは臨海部である。広大で、ただ同然、しかも、わずらわしい権利調整は不要で、無尽蔵の開発可能性を秘めた都心に残された最後のフロンティアといえるからだ。

しかし、臨海部開発が実際に動き出したのは80年代半ばである。１９８５年10月中曽根康弘内閣によって持ち込まれた民活規制緩和の新たな開発路線がきっかけである。その直前の85年4月、東京都はテレポート建設構想を発表していたが、中曽根内閣の副総理で「民活」担当大臣の金丸信氏の圧力もあって、一挙に「臨海副都心開発基本計画」（１９８８年）に格上げされたのである。事業規模も何倍にも拡大された。テレポート構想は、青海の40ha、事業費２２００億円の計画であったが、臨海副都心開発では、４４０ha（東京ディズニーランド9個分）、総事業費も3兆４０００億円、そして８兆円、95年段階で、すでに10兆円規模にまで膨らんでいた。さらに、豊洲・晴海地区の開発も臨海副都心開発と一体的におこなうことも決まっていた（「豊洲、晴海地区開発基本方針」１９８８年）。ちなみに、その背景には、当時、豊洲埠頭の社有地周辺を再開発する「豊洲センチュリー計画」を打ち上げていた東京ガスの動きと、東京ガスの安西浩会長と親しい金丸信元副総理の影があったとジャーナリストの岡部裕三氏が指摘している。

おりしも、バブルとかさなり、その事業方式も、いまから見れば妄想ともいえるようなものがまかりとおっていた。開発をスタートさせるにあたり、鈴木俊一都知事は、開発費はすべて進出企業の権利金と地代でまかなう。「都民には負担をかけない」と約束したのである。

しかし、膨れあがっていく事業の背後では、腐敗した闇の構造が作り上げられていった。徹底した現場取材によって、この闇の構造をあばいた岡部氏は、そのゼネコン癒着の開発手法を、たとえば次のように説明している。

「その手法は、都が乱造した第三セクターに、銀行員の名目で大手ゼネコンがひそかに社員を送り込み、設計から積算、はては工事の監督まで行わせ、社員を派遣したゼネコンが大型工事を独占受注するというものだった。……そのうえ、発注した工事では『設計変更』などの名目で工事費を大幅に上乗せしていた」。また、「二番札との差わずか１００万円」という東京臨海副都心建設（会長・鈴木俊一都知事）が90年、最初に行った大型工事の入札結果も紹介している。工事を受注した4社のうち、鹿島、奥村、若築の3社が発注元に社員を派遣していたのだ（以上、岡部裕三『破綻―臨海副都心開発 ドキュメント 東京を食い荒らす巨大利権プロジェクト』あけび書房、１９９５年）。

岡部氏は、また、著書『臨海副都心開発―ドキュメント ゼネコン癒着10兆円プロジェクト』（あけび書房、１９９３年）で、東京都、ゼネコン、第三セクター、与党政治家の癒着構造を、きわめて鮮やかに、一つの図にまとめているが、さらに、銀行を加えて描くと、図表3－2のようになろう。

図表3－2　鈴木都政、与党、ゼネコン、銀行の癒着構造

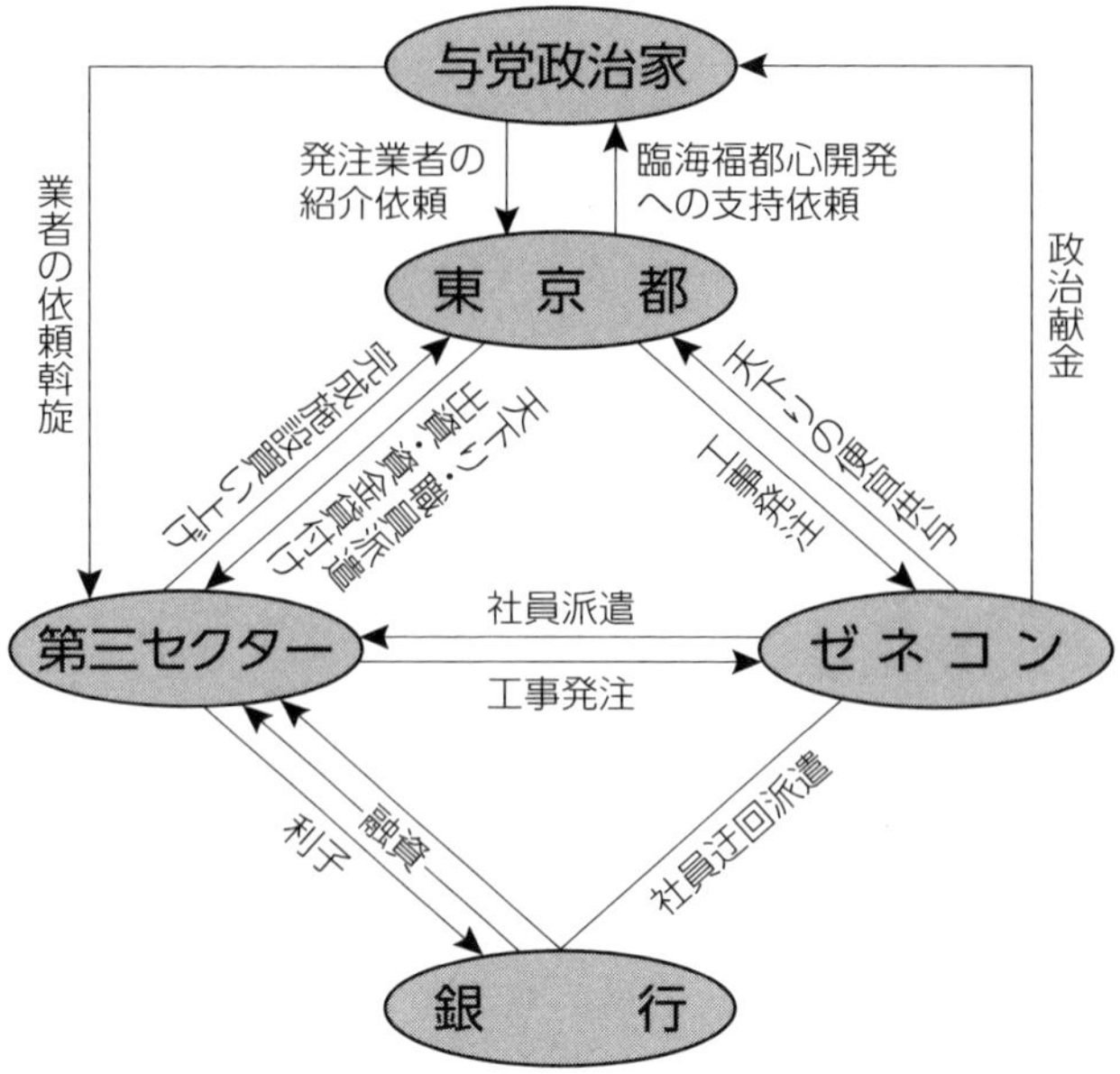


資料：岡部裕三『臨海副都心開発―ドキュメント ゼネコン癒着10兆円プロジェクト』あけび書房、1993年の図を参考に筆者作成。

この構造がはたらく限り、事業費の膨張をとめることはできない。なぜならだれも損しないからである。事業費が増えれば増えるだけ、ゼネコンの利益は増え、銀行にはより多くの利子が転がり込み、政治家が懐にする政治献金は増大し、東京都職員の天下り先も広がる。そして、この癒着構造はますます強固なものになっていくのだ。さらに、この癒着構造の外側にいる都民も、さしあたり、何の被害もうけない。税負担が増えるわけでないからだ。

しかし、バブル崩壊とともに、この癒着構造の矛盾が一挙に吹き出し、都民にしわ寄せがくる結果になったのだ。整備された臨海副都心の用地には、進出企業がほとんどなく、地代・権利金の収入の目算は完全に狂ったのである。第三セクターは次々と倒産していった。結局、事業費は、巨額の都税を注ぎ込むことで穴埋めせざるを得なくなったのだ。決して、〝都民には負担をかけない〟という鈴木知事の約束は、かくして反故にされてしまったわけである。

現在、都心や臨海部で熱狂的に進められている都市再生にも、インフラ整備に莫大な財政が投資されている。その大義名分は日本経済の競争力を高め、持続的な成長を導くことにある。しかし、それが幻に終ったとき、何が待ち受けているのか。人口減少・高齢化社会が、さらに進んでいくことを考えるとき、その打撃は、〝失われた20年〟の再現をはるかに超えるものとなるに違いない。一刻もはやく、大規模開発一辺倒から決別しなければならないのである。

（岩見良太郎）

## 注

1　１９７９年に誕生したサッチャー政権が、イギリス経済の起死回生策の一つとして取り組んだのが、テームズ川沿いにあるドックランズの再開発である。民活手法を大胆に導入して、都市再生緊急整備地域はエンタープライズゾーンをモデルにしたものである。詳しくは拙著『「場所」と「場」のまちづくりを歩く　イギリス篇・日本篇』（麗澤大学出版会、２００４年）を参照されたい。

2　ＰＦＩ（Private Finance Initiative プライベート・ファイナンス・イニシアティブ）とは、「公共施設等の建設、維持管理運営等を民間の資金、経営能力および技術的能力を活用して行う新しい手法」（内閣府ＰＦＩホームページ）と説明されている。またＳＰＣ（Special Purpose Company の略）は、「特定目的会社」と訳され、特定の資産を担保に不動産証券などの発行をおこなう会社をさす。

**付記**　東京の都市再生の現在の動きについて、詳しくは拙著『再開発は誰のためか――住民不在の都市再生』（日本経済評論社、２０１６年）を参照されたい。

# 参考文献

区画整理、再開発に関して、いろいろな文献があるが、われわれから紹介したいのは左のようなものである。ご参照いただければ幸いある。

区画整理に関しては

『土地区画整理の研究』（岩見良太郎著、自治体研究社、1978年、絶版。アマゾン等で若干あり）。岩見良太郎氏の区画整理についての歴史的な研究。

『なるほどザ区画整理』（話・安藤元雄、NPO法人区画整理・再開発対策全国連絡会議編集・発行、本書は書店では扱っていない）。大きな字で区画整理のきわめてわかりやすい解説。

再開発に関しては

『再開発は誰のためか——住民不在の都市再生』（岩見良太郎著、日本経済評論社、2016年）。再開発をめぐる内外の全体状況、再開発利益についての研究。

『これならわかる再開発』（遠藤哲人著、本の泉社、残部僅少、三訂版準備中）。再開発のわかりやすい解説本。低層再開発についても論述。

このほか、NPO法人区画整理・再開発対策全国連絡会議では、月刊『区画・再開発通信』を編集・発行。区画整理、再開発の最新情報についての評論、各地の住民運動の報告などを掲載している。

なお築地移転そのものの問題点を扱ったものとしては

『築地移転の闇をひらく』（中澤誠・水谷和子・宇都宮健児著、大月書店、2016年）、『検証・築地移転——汚染地でいいのか』（築地移転を検証する会編、花伝社、2011年）などがあり、ご参照いただきたい。

# あとがき

本書の筆者、岩見良太郎氏と遠藤哲人は、ＮＰＯ法人区画整理・再開発対策全国連絡会議で仕事をともにさせていただき、岩見良太郎氏のご指導のもとに遠藤は事務局活動をしている。その舞台である同全国連絡会議は、各地の区画整理、再開発をめぐる住民運動の連絡組織として長い間、不当な事業から住民の暮らしと権利をまもり、住民主権のまちづくりをめざす活動をくりひろげてきた。毎年、年1回の全国研究集会（１９６８年の第1回目は自治体問題研究所主催）を開催しつづけ、今年は50回目を迎える。また１９７０年から月刊『区画・再開発通信』（初代編集長が岩見良太郎氏）を、各地の住民運動、自治体議員、研究者、専門家などのＮＰＯ会員向けに発行しつづけ、今月で５６６号を数えた。事務所は、本書の発行元の出版社・自治体研究社のテーブルをお借りしている。

本書でも縷々《るる》説明申し上げたが、都市計画における重要な手法である区画整理、再開発は、一見すると複雑多岐にわたる。自治体や業界などでも国土交通省肝いりで、この手法をめぐる情報交換研究組織をつくっている。他方、住民側のシンクタンクをめざす私たちのＮＰＯの活動課題では、住民主権のまちづくりをめざし、お上《かみ》の知識独占、ブラックボックスにある情報を白日の下にさらさせ、住民本位にこれを改変する研究もかかげている。本書の読者におかれては、ぜひともこの趣旨にご賛同いただき、私たちのＮＰＯの応援をしていただくとともにご参加いただければ幸いである。

本書の発行にあたり、困難な出版事情の中で労を取ってくださった寺山浩司氏、深田悦子氏をはじめ自治体研究社のみなさま方に深く感謝したい。また貴重な情報をご提供いただいた東京都議会関係のみなさま方にも深く感謝したい。いろいろ情報をお寄せくださり、ご教示いただいた私たちの連絡会議の会員のみなさま、スタッフのみなさま方に感謝申し上げる次第である。

２０１７年2月20日

ＮＰＯ法人区画整理・再開発対策全国連絡会議

事務局長　遠藤哲人

| | | |
|---|---|---|
| 2002 | 4 | 「豊洲・晴海開発整備計画改定」で、築地市場の豊洲移転明記 |
| | 5 | 土壌汚染対策法制定 |
| | 7 | 不動産鑑定評価基準の改正 |
| | 9 | 「豊洲・晴海開発整備計画（再改定）」（築地市場移転を反映） |
| 2003 | 2 | 土壌汚染対策法施行<br>都環境確保条例指針改定 |
| | 4 | **【石原慎太郎氏都知事選で再選（2選目）】** |
| | 5 | 「豊洲市場基本構想」公表 |
| | 9 | 豊洲区画整理事業で仮換地指定開始 |
| 2005 | 3 | 湾岸3セク「東京ファッションタウン」「タイム24」民事再生手続き開始申し立て |
| | 5 | 「豊洲地区用地の土壌処理に関する確認書」（都と東京ガス、東京ガス豊洲開発） |
| 2006 | 5 | 東京テレポートセンター・東京副都心建設・竹芝地域開発民事再生手続き開始申し立て |
| | 7 | 「豊洲地区まちづくりガイドライン」策定 |
| 2007 | 3 | 東京ガス汚染処理完了 |
| | 4 | **【石原慎太郎氏都知事選で再選（3選目）】** |
| | 4 | 「豊洲新市場予定地における土壌汚染対策等に関する専門家会議」設置 |
| | 11 | 官民の地権者組織である「豊洲地区まちづくり連絡会議」が発足 |
| | 11 | 「豊洲地区景観ガイドライン」策定 |
| 2008 | 5 | 専門家会議の調査結果報告：豊洲新市場用地から、基準の4万3000倍のベンゼン検出 |
| | 8 | 「豊洲新市場予定地の土壌汚染対策工事に関する技術会議」設置 |
| 2009 | 4 | 改正土壌汚染対策法公布 |
| | 7 | 都議選民主党圧勝 |
| 2011 | 3 | 「豊洲地区用地の土壌汚染対策の費用負担に関する協定書」 |
| | 4 | **【石原慎太郎氏都知事選で再選（4選目）】** |
| | 4 | すべての豊洲新市場用地の取得を完了 |
| | 6 | 東京都議会の所信表明で石原都知事、2020年オリンピック招致を表明 |
| | 6 | 江東区「豊洲グリーン・エコアイランド構想」策定 |
| 2012 | 10 | 石原慎太郎氏都知事を辞任 |
| | 12 | **【猪瀬直樹氏都知事就任】** |
| 2013 | 1 | 汚染対策工事の工期（最大1年間）の延伸公表 |
| 2014 | 2 | **【舛添要一氏都知事就任】** |
| | 11 | 技術会議において土壌汚染対策工事完了を確認 |
| 2016 | 7 | **【小池百合子氏都知事選で初当選】** |
| | 8 | 小池都知事、築地市場の豊洲市場への移転延期を表明 |

## 東京湾臨海部開発関連年表

| 年 | 月 | 事　項 |
|---|---|---|
| 1985 | 3 | 東京テレポート構想（港湾局） |
| 1986 | 3 | 民活法成立 |
| | 9 | 臨海部副都心開発計画会議設置 |
| | 9 | 金丸信副総理等臨海部視察 |
| | 11 | 第２次東京都長期計画（臨海部副都心を７番目の副都心に） |
| 1987 | 4 | **【鈴木俊一都知事３選】** |
| | 6 | 臨海部副都心開発基本構想 |
| | 9 | 民間の地権者組織である「豊洲埠頭まちづくり協議会」が発足 |
| 1988 | 3 | 臨海部副都心開発基本計画 |
| | 6 | 東京都の「豊洲・晴海開発基本方針」を受けて、「豊洲地区開発協議会」が発足 |
| | 11 | 東京臨海副都心建設㈱設立 |
| 1989 | 4 | 「豊洲・晴海開発整備方針」策定 |
| 1990 | 6 | 「豊洲・晴海開発整備計画」策定 |
| 1991 | 4 | **【鈴木俊一都知事４選】** |
| | 6 | 臨海副都心開発等再検討委員会設置 |
| 1993 | 7 | 豊洲区画整理事業の都市計画決定（都市計画道路、土地区画整理事業、地区計画） |
| 1995 | 4 | **【青島幸男都知事誕生】** |
| | 5 | 世界都市博覧会の中止決定 |
| 1997 | 4 | 「豊洲・晴海開発整備計画（改定）」策定 |
| | 11 | 豊洲土地区画整理事業の事業計画決定（東京都施行） |
| 1998 | 5 | 東京ガス㈱及び東京ガス豊洲開発㈱が豊洲ガス工場跡地の汚染調査を開始 |
| 1999 | 4 | **【石原慎太郎氏都知事選で初当選】** |
| | 9 | 石原都知事、築地市場を視察 |
| | 11 | 築地市場の豊洲移転を東京都が正式要請 |
| 2000 | 6 | 東京ガス「弊社豊洲用地への築地市場移転に関わる御都のお考えについて（質問）」 |
| 2001 | 2 | 東京都と東京ガス「覚書」締結 |
| | 2 | 石原都知事、都議会本会議施政方針表明において「移転候補地は豊洲」と言明 |
| | 7 | 「築地市場の豊洲移転に関する東京都と東京ガスとの基本合意」 |
| | 10 | 東京都環境確保条例施行 |
| | 12 | 第７次東京都卸売市場整備計画で、現行の現地再整備を改め、築地市場を豊洲地区に移転と決定 |

[著者]
岩見良太郎（いわみりょうたろう）
埼玉大学名誉教授、NPO法人区画整理・再開発対策全国連絡会議・代表。1945年生まれ。東京大学工学部都市工学科卒、同大学院博士課程修了（工学博士）。主著に『土地区画整理の研究』、『土地資本論』(以上、自治体研究社)、『「場所」と「場」のまちづくりを歩く』（麗澤大学出版会）、『石原都政の検証』（共著、青木書店）、『場のまちづくりの理論——現代都市計画批判』、『再開発は誰のためか——住民不在の都市再生』（以上、日本経済評論社）など。

遠藤哲人（えんどうてつと）
NPO法人区画整理・再開発対策全国連絡会議・事務局長、國學院大學経済学部兼任講師。1950年生まれ。東京経済大学経済学部卒、地方自治の研究組織である自治体問題研究所事務局在任中の1981年から区画整理対策全国連絡会議事務局を担当。著作に『再開発を考える』、『熊さん、八ッつぁんが読む！土地区画整理法』（共著）、『新・区画整理対策のすべて』（共著、以上、自治体研究社）、『改訂・これならわかる再開発』（本の泉社）、その他がある。

NPO法人区画整理・再開発対策全国連絡会議　発足は1968年、NPO法人化は2000年。

〒162-8512 東京都新宿区矢来町123 矢来ビル4F
TEL 03-5261-4031　FAX 03-5261-4032
e-mail: info@kukaku.org　website: http://kukaku.org/

豊洲新市場・オリンピック村開発の「不都合な真実」
——東京都政が見えなくしているもの

2017年3月20日　初版第1刷発行

著　者　岩見良太郎・遠藤哲人

発行者　福島　譲

発行所　㈱自治体研究社
〒162-8512 新宿区矢来町123 矢来ビル4F
TEL：03·3235·5941／FAX：03·3235·5933
http://www.jichiken.jp/
E-Mail：info@jichiken.jp

ISBN978-4-88037-661-5 C0036　　印刷／トップアート